Szabadváry · Antoine Laurent Lavoisier

AF771871

1 Antoine Laurent Lavoisier
(26. 8. 1743–8. 5. 1794)

Biographien
hervorragender Naturwissenschaftler,
Techniker und Mediziner Band 84

Antoine Laurent Lavoisier

Prof. Dr. Ferenc Szabadváry, Budapest

Mit 10 Abbildungen

LEIPZIG

BSB B. G. Teubner Verlagsgesellschaft · 1987

Herausgegeben von
D. Goetz (Potsdam), I. Jahn (Berlin), E. Wächtler (Freiberg),
H. Wußing (Leipzig)
Verantwortlicher Herausgeber: D. Goetz

Szabadváry, Ferenc:
Antoine Laurent Lavoisier / Ferenc Szabadváry. –
Leipzig: BSB B. G. Teubner Verlagsgesellschaft, 1987. –
72 S.: 10 Abb.
(Biographien hervorragender Naturwissenschaftler, Techniker und Mediziner; 84) NE: GT

ISBN-13: 978-3-322-00319-5 e-ISBN-13: 978-3-322-84405-7
DOI: 10.1007/978-3-322-84405-7

ISSN 0232-3516
© BSB B. G. Teubner Verlagsgesellschaft, Leipzig, 1987
1. Auflage
VLN 294-375/121/87 · LSV 1208
Lektor: Hella Müller

Gesamtherstellung: Elbe-Druckerei Wittenberg IV-28-1-1613
Bestell-Nr. 666 263 2

00480

Inhalt

Laufbahn

Jugendjahre

Antoine Laurent Lavoisier wurde am 26. August 1743 geboren. Der Vater Lavoisiers war ein Edelmann. Dieser Adel hatte aber nichts mit dem hochmütigen historischen französischen Adel zu tun. Er erhielt den Titel für seine bürgerlichen Verdienste. Es ist auch möglich, daß er den Titel kaufte. Der sich fortwährend in Geldnot befindende französische Hof verlieh ja im 18. Jahrhundert den reichen Bürgern oft Titel, Amt und Stellung gegen Geld.

Der Vater war ein wohlhabender Anwalt, die Mutter Lavoisiers war Tochter eines Advokaten. Die Großeltern mütterlicherseits waren sehr reich. Als Lavoisier fünf Jahre alt war, starb plötzlich seine Mutter. Der Vater zog zur Schwiegermutter, Mme Punctis. Die Punctis besaßen ein schönes Haus an der Rue de Four St. Eustache. Die Erziehung wurde von der Großmutter, aber noch mehr von der Tante, der Schwester der verstorbenen Mutter, Mlle Constance, besorgt. Jede Hoffnung und Liebe, alles Streben der Familie richteten sich auf die Person des Jünglings, ihm sollte auch das ganze Vermögen zufallen.

Im Jahre 1754 trat der junge Lavoisier in das berühmte Collège Mazarin ein. Das Institut besaß einen guten Ruf und hervorragende Lehrer. Sein kunstvolles Gebäude mit der Kuppel steht noch heute. Seit Napoleon I. beherbergt das Gebäude das „Institut“, die Akademie von Frankreich.

Lavoisier war ein fleißiger Schüler und interessierte sich für alles. 1760 schrieb er sich an der Fakultät für Rechtswissenschaften der Universität Paris ein. 1764 erwarb er seinen juristischen Doktortitel und ließ sich in die Liste der Anwälte eintragen. Er praktizierte jedoch nie als Anwalt. Die finanzielle Lage seiner Familie ermöglichte es ihm, sich seiner Liebhaberei, den Naturwissenschaften, zu widmen. Der Umgang mit seinen Lehrern, wie dem Botaniker Jussieu, dem Mathematiker La Caille, dem Mineralogen Guettard förderten seine Interessen. Schon während der Studien beschäftigte er sich mit Versuchen über den Luftdruck.

Er hörte deshalb auch Vorlesungen im Jardin du Roi, u. a. auch in Chemie. Professor der Chemie war Guillaume-François Rouelle, ein bekannter Wissenschaftler seiner Zeit, aber ein sehr planloser, flatterhafter Geist und schlechter Experimentator.

Die Wissenschaft fand damals Anerkennung in der französischen Gesellschaft wie nie zuvor. Sich wissenschaftlich zu betätigen war Mode. Wissenschaftler waren geehrte und gern gesehene Gäste in den Salons, in welchen die öffentliche Meinung geformt wurde. Dort verkündeten freimütige Philosophen, Anhänger von Rousseau und Voltaire und den Enzyklopädisten ihre verwegenen, die herrschende Gesellschaftsordnung, die Kirche, ja sogar Gott angreifenden und bezweifelnden Lehren. Die Enzyklopädisten, die damals nach Bewältigung von vielen Hindernissen ihr Werk, die Große Französische Enzyklopädie in 27 Bänden, fertigstellten, waren ebenfalls in den Salons heimisch. Die Ansichten der Philosophen wichen zwar in vielem voneinander ab, stimmten jedoch im Bekenntnis zu der Notwendigkeit, die bestehende Ordnung zu ändern, überein. Ihre Lehren wurden in den Salons paradoxerweise in erster Linie von jenen begrüßt, deren Macht, Vermögen und Einfluß auf dem unveränderten Bestehen der alten Ordnung beruhten. In den Salons politisierte, kritisierte, destruierte und spottete die herrschende Elite und trug so zur Vorbereitung des eigenen Endes bei.

Lavoisiers erste wissenschaftliche Veröffentlichung war eine Abhandlung über den Gips. Er beschrieb darin die Löslichkeit von Gips, auch u. a. seine Eigenschaft, bei Wärmewirkung einen Teil seines Wassergehalts abzugeben, der bei Bindung wieder aufgenommen wird. [1, Bd. 3. S. 111] Eine ähnliche Beobachtung beschrieb etwas früher (1750) der preußische Chemiker Marggraf [3]. Auch de Montigny, Kommissar der Prüfungen der Abhandlungen der Akademie, hatte schon 1762 diesen Befund erkannt und wies Lavoisier darauf hin. So mußte Lavoisier am Ende seiner Abhandlung selbst bekennen, er habe nach Vorlage dieser Schrift erfahren, daß Marggraf und de Montigny seine angeblich neuen Ergebnisse vor ihm veröffentlicht haben. Allerdings werden wir noch oft mit Argwohn bemerken müssen, daß es schwer zu entscheiden ist, inwieweit Lavoisier über einen Artikel eines Zeitgenossen unterrichtet war.

Wenn sich auch die Familie Lavoisier nicht der wissenschaftlichen

Tätigkeit Antoine Laurents widersetzte, bestand sie natürlich darauf, daß er eine Beschäftigung habe, die ein Einkommen sichere.
Die bürgerliche Berufswahl Lavoisiers wurde einstweilen durch eine längere Reise aufgeschoben. Der Mineraloge Guettard erhielt von der Regierung den Auftrag, eine geologische Karte von Frankreich zu zeichnen, und bat Lavoisier, ihn auf seiner Forschungsreise nach Elsaß-Lothringen zu begleiten. Der Weg führte über Straßburg nach Basel, wo sie sich einige Tage aufhielten. Dies war das einzige Mal, daß Lavoisier die Grenze seines Vaterlandes überschritt. Lavoisier konnte übrigens nicht deutsch. Nichts weist darauf hin, daß er außer französisch noch eine andere Sprache verstanden oder gesprochen hätte. Die Tatsache, daß er fremdsprachige Artikel für sich übersetzen ließ, spricht für diese Behauptung. Als Frucht dieser Reise legte Lavoisier eine größere Arbeit vor: „Über die Natur der Quellen eines Teils der Franche-Grafschaft, des Elsaß, von Lothringen, der Compagne von Brie und Valois“.
Das Jahr 1768 war von großer Bedeutung für das Leben Lavoisiers. Damals wurde er zum Mitglied der Akademie der Wissenschaften gewählt, im selben Jahr trat er auch in die Ferme Générale, in die Organisation der Hauptzollpächter des Königreichs, ein. Beide Organisationen spielten eine entscheidende Rolle im weiteren Verlauf seines Lebens. Schauplatz seines Aufstiegs und Ruhmes war die eine, Basis seines Vermögens die andere, die ihm Sicherheit und Bequemlichkeit gab, schließlich aber seinen tragischen Tod zur Folge hatte.
Die französische Akademie der Wissenschaften wurde von Colbert unter Louis XIV. 1666 gegründet. Sie war eine sehr staatsabhängige Organisation. Die Mitglieder erhielten ein monatliches, und zwar ein für jene Zeit recht ansehnliches, Honorar. Sie hatten jedoch gemeinsam zu arbeiten, individuelle Forschung war nicht gestattet. Sie mußten ihre Pläne dem Ministerium zur Genehmigung einreichen. Die Mitglieder der Pariser Akademie wurden anfangs ernannt. Minister Pontchartrain bestimmte 1699 die Zahl der Mitglieder der Akademie auf 70. Zehn davon waren sogenannte Honorarmitglieder, die keine Wissenschaftler zu sein brauchten. Sie kamen in der Regel aus dem Hochadel und stellten den Präsidenten und den Vizepräsidenten. Dann folgten 20 ordent-

liche Mitglieder (pensionaires), 20 assoziierte Mitglieder (associés) und 20 sogenannte Schüler-Mitglieder (élèves). Ihre Mitglieder wählte die Akademie fortan selbst, indem sie drei Personen vorschlug, von denen der König eine ernannte. Stimmrecht besaßen aber nur die Honorarmitglieder. Die Mitglieder wurden je nach Wissenschaftszweigen in fünf Klassen eingeteilt. Wenn ein Mitglied starb, mußte sein Nachfolger aus demselben Wissenschaftsfach gewählt werden. Es war also sehr schwer, Mitglied zu werden, da wissenschaftliches Verdienst oder Verbindungen dazu nicht genügten, es mußte erst durch Tod ein Platz vakant werden.

Jedenfalls zeigt aber eben Lavoisiers Wahl zum Mitglied, daß die strengen Schranken nicht unüberwindbar waren. Die Familie Lavoisier besaß zahlreiche einflußreiche Freunde. Als 1767 der Chemiker Baron im Alter von nur 53 Jahren starb, setzten sich zahlreiche Persönlichkeiten für den 26jährigen Lavoisier ein. Der zuständige Minister, Saint-Florentin, selbst Honorarmitglied der Akademie, befürwortete jedoch die Kandidatur von Jars. Die Wahl fand am 18. Mai 1768 statt. Lavoisier erhielt die Mehrheit der Stimmen. Er kam auf die erste Stelle in der Vorlage, Jars nur auf die zweite. Der Minister schlug dem König vor, ungeachtet der von der Akademie aufgestellten Reihenfolge Jars zu ernennen. Der König fand eine diplomatische Lösung. Er ernannte Jars anstelle von Baron, aber auch Lavoisier als überzähliges Mitglied mit der Klausel, daß bei der nächsten Vakanz keine Wahl erfolgen solle. Große Freude herrschte in der Familie Lavoisier, als die Ernennung bekannt wurde. Es soll aus einem Brief zitiert werden, den eine alte Freundin der Eltern an die Tante Lavoisiers schrieb:

Es ist wohl eine Befriedigung für Sie, teure Freundin, zu erfahren, daß in dem Alter, wo die gleichaltrigen noch hauptsächlich ihren Unterhaltungen leben, das liebe Kind schon so große Fortschritte in der Wissenschaft machte, daß es mit einem Titel gekrönt wurde, den man im allgemeinen nur nach mühseliger Arbeit reichlich in den Fünfzigern zu erreichen pflegt...

Das „liebe Kind“ war wirklich erst 26 und konnte eine einzige wissenschaftliche Publikation aufzeigen, die nicht mal von besonderer Bedeutung war. Zweifelsohne gehört Lavoisier zu den größten Wissenschaftlern der Geschichte. Doch im Jahr 1768 war er noch nichts anderes als ein junges Talent mit vielversprechender Zukunft, aber bislang mit sehr geringen wissenschaftlichen Verdiensten.

Lavoisier war bestrebt, sich des im voraus geschenkten Vertrauens würdig zu erweisen. Er brachte der Akademie unsterblichen Ruhm. Aber nicht nur wissenschaftlich, sondern auch von administrativen Gesichtspunkten aus hat er um die Akademie große Verdienste. Er betätigte sich mit großer Aktivität in allen Funktionen, in die man ihn berief. Die Akademie der Wissenschaften war das höchste und maßgeblichste wissenschaftliche Gremium im Land. Regierung und andere staatliche Organe wandten sich häufig und in unterschiedlichsten Angelegenheiten an sie, um ihren Rat oder ihr Gutachten zu verlangen, oder beauftragten sie mit dem Studium irgendeines Problems. Die Akademie behandelte die ihr vorgelegten Fragen in Kommissionen. Lavoisier war Mitglied zahlreicher solcher Ausschüsse und verfaßte meistens ihre Berichte. Diese zeigen, daß er über einen klaren Blick verfügte. Er betrachtete die Probleme stets von ihrer praktischen Seite, man erkennt darin den rationalen Geist seines Zeitalters.

Diese Ausschüsse behandelten die verschiedensten Dinge. So zum Beispiel überprüften sie Pläne zur Wasserversorgung von Paris [1, Bd. 3, S. 208, 221], eine neuartige Feuerwehrpumpe [1, Bd. 3, S. 227], die Fähigkeit eines Mannes, mit der Wünschelrute Wasser zu finden, oder prüften Lippenstifte auf Giftigkeit [1, Bd. 4, S. 224], 1784 war Lavoisier Mitglied eines Ausschusses zur Prüfung der wunderbaren Heilungen Mesmers. Der Bericht wies auf den Umstand hin, daß es sehr schwer ist, in der Medizin die absolute Wirksamkeit einer Heilmethode oder eines Medikaments festzustellen. Die Natur heile ja auch aus sich selbst. Werde durch ein neues Arzneimittel Heilung erzielt, so lasse sich nie mit voller Sicherheit bestimmen, welche Rolle der Arznei und welche der Natur zukomme [1, Bd. 3, S. 719]. Wir sehen ferner Lavoisier in akademischen und Regierungskommissionen zur Überprüfung der Zustände im alten Spital Hôtel-Dieu, zum Studium der Kanonenfabrikation, zur Verlegung der Schlachthäuser aus der Mitte der Stadt usw. Er tat gewissenhaft überall sein Bestes.

Der Fermier

Ebenso wie die Akademie der Wissenschaften verdankt auch die Ferme ihr Dasein Colbert, dem talentvollen Minister Ludwig XIV. Die Ferme war eine Gesellschaft von Finanzmännern, die gegen eine fixe und im voraus bezahlte Summe alle Zölle, die indirekten Steuern und einige wichtige Regalien vom Staat pachtete. Der Handel mit Salz oder Tabak gehörte z. B. zu den Monopolen der Gesellschaft. Die Zahl der Hauptzollpächter (Fermiers) war ebenso begrenzt wie die der Mitglieder der Akademie. Anfänglich gab es 40, von 1755 an waren es 60. Für die Pacht von 1768–1774 hatte die Ferme jährlich 90 Millionen Livres zu zahlen. Ein Pächter mußte also 1,5 Millionen vorstrecken. Nicht jeder konnte ein so großes Kapital allein vorlegen, es kam häufig vor, daß mehrere Personen hinter dem Namen eines Fermiers steckten, die man Gehilfen nannte und die in der Administration der Organisation mitwirkten. Wurde der Platz eines Fermiers frei, so wurde der Nachfolger in der Regel aus den Reihen der Gehilfen ernannt.

Die Ferme trieb selbst die Zölle und die Getränkesteuer ein und führte den Handel mit Salz und Tabak, wozu sie sich eines großen Apparates bediente. Die Zahl ihrer Angestellten betrug zur Zeit Lavoisiers etwa 24 000, allein bei den Pariser Zöllen waren 1 100 Zöllner und Beamte beschäftigt.

Die Verpachtung von Zöllen und Steuern war eine Sache, die nie gut endete, sie erwies sich im Laufe der Geschichte immer als eine unglückliche Einrichtung sowohl für den Staat als auch für die Bevölkerung. Des Pächters Bestreben richtete sich offensichtlich immer darauf, das Höchstmögliche zu verdienen. Das Eintreiben der Steuern durch Pächter war immer brutal und höchst rücksichtslos. Die aus der Zeit des feudalen Frankreichs verbliebene verwaltungsmäßige Gliederung des Landes bot besonders gute Möglichkeiten zur Gewinnerhöhung der Ferme. Zoll wurde nämlich nicht nur an der Landesgrenze, sondern auch an den Grenzen der einzelnen Provinzen und der verschiedenen Städte erhoben, und diese kamen alle der Gesellschaft zu. Große Preisdifferenzen bestanden zwischen den Provinzen. Ein Zentner Salz kostete z. B. in der einen 58 Livres, in der anderen nur 20 Livres. Kein Wunder, daß ein bedeutender und regelmäßiger Schmug-

gel zwischen den Provinzen betrieben wurde, den die Ferme mit bewaffneten Zöllnern bekämpfte. Tausende von Leuten wurden jährlich wegen Salzschmuggels verhaftet und auf die Galeeren geschleppt. Die Zöllner hatten das Recht, jedermanns Haus und Gut jederzeit zu betreten und zu durchsuchen. So ist es nicht verwunderlich, daß die Ferme verhaßt war. Der enorme Luxus, den manche Hauptzollpächter entfalteten, trug gewiß nicht zur Verminderung dieses Hasses bei.
Lavoisier trat 1768 in die Ferme mit 50 000 Livres als Gehilfe des alten Fermiers Baudon ein, kurz nachdem er zum Mitglied der Akademie gewählt worden war.
Die erste Aufgabe Lavoisiers in der Ferme bestand aus Inspektionsreisen. 1768 hielt er sich einige Monate in der Picardie auf, 1769 verbrachte er ein halbes Jahr mit der Kontrolle der Tabakfabriken und Zollstellen Nordfrankreichs. Sein Vorgesetzter war der Fermier Paulze, an ihn adressierte er seine Berichte.
1770 reiste Lavoisier im Auftrag der Akademie nach Le Havre, um neue geodätische Instrumente seines akademischen Kollegen Cassini zu Breiten- und Längengradmessungen auszuprobieren. Kaum in die Hauptstadt zurückgekehrt, mußte er sich schon, nun im Auftrag der Ferme, auf eine halbjährige Inspektionsreise nach Nordostfrankreich begeben. 1771 kehrte er nach Paris zurück.
Am 4. Dezember 1771 heiratete er die Tochter seines Vorgesetzten in der Ferme, Paulze. Lavoisier war damals 29 Jahre alt, die Braut, Marie Anne Pierette hatte noch nicht das 14. Lebensjahr vollendet. Paulze war sehr reich, er gehörte zu den einflußreichsten Männern in der Ferme. Sein Vermögen verdiente er als Direktor der Französischen Ostindischen Gesellschaft. Der Schwager des Herrn Paulze war der Abbé Terray, zur Zeit mächtiger Finanzminister Ludwigs XV.
Lavoisier wurde durch seine Heirat Mitglied einer reichen und einflußreichen Familie.
Das junge Ehepaar bezog ein Haus in der Rue Neuve des Bons Enfants, das mit einem Garten umgeben war. Das junge Paar richtete sein Heim elegant ein und begann ein lebhaftes gesellschaftliches Leben zu führen.
Lavoisiers Ehe war in jeder Hinsicht glücklich. Aus dem jungen Mädchen wurde eine schöne und intelligente Frau, die nicht nur sehr gut zu repräsentieren, sondern ihrem Mann auch bei der

Forschung behilflich zu sein vermochte. Kinder wurden ihnen nicht geboren. Der berühmte Maler Louis David malte ein Porträt des Ehepaars Lavoisier im Jahre 1788, wofür er 7 000 Livres erhielt. Die damals 30jährige Frau erscheint auf dem Bild von mittlerer, kräftiger Figur mit hübschem Gesicht, ein wenig stumpfnasig. Mme Lavoisier zeichnete und malte selbst sehr geschickt. Ihre Handfertigkeit läßt sich auch in Lavoisiers Buch „Traité élémentaire de chimie" bewundern. Sie fertigte die schönen, verschiedene chemische Geräte und Operationen darstellenden Stiche des Buches an. Madame beherrschte fremde Sprachen, und so glich sie die Sprachunkenntnis ihres Gemahls aus. Sie übersetzte beispielsweise die Artikel der englischen Chemiker für

2 Das Ehepaar Lavoisier (Gemälde von Louis David)

ihren Mann. Sie übertrug ferner ein ganzes Buch von Richard Lord Kirwan, das dann in Paris herausgegeben wurde. Aus manchen Bemerkungen darf man schließen, daß sie etwas hochmütig war. Das Ehepaar liebte Musik, besuchte oft die Oper, wo es eine ständige Loge für sich besaß. Wenn Lavoisier seine Experimente machte, befand sich seine Frau in der Regel auch im Laboratorium. Meistens führte sie die Protokolle während der Experimente. Lavoisier hatte in dem neuen Haus natürlich ein Laboratorium eingerichtet und es mit allen den damaligen Anforderungen entsprechenden Instrumenten und Geräten ausgestattet. Er sparte dabei nicht und ließ alle Instrumente durch die besten Handwerker anfertigen.

Planmäßigkeit, Zielbewußtsein und Fleiß charakterisierten die Forschertätigkeit Lavoisiers. Er setzte sich das Ziel, jeden Tag sechs Stunden im Laboratorium zu experimentieren, und zwar von 6 bis 9 Uhr vormittags und von 7 bis 10 Uhr abends. Außerdem widmete er einen vollen Tag der Woche ausschließlich der Forschung. Seine Frau gedachte später dieses Tages als des glücklichsten Tages der ganzen Woche, den ihr Mann immer mit Ungeduld erwartete. Lavoisier liebte es, seine Versuche in Gesellschaft auszuführen. Freunde und Gäste sind oft im Laboratorium empfangen worden. Während er experimentierte, unterhielt er sich mit ihnen über die Ziele und Ergebnisse der gerade laufenden Experimente. Oft wurde aus dem Gespräch eine improvisierte wissenschaftliche Diskussion. Selten versäumte er die Teilnahme an den zweimal wöchentlich stattfindenden Sitzungen der Akademie. Immer häufiger sah man ihn dort als Vortragenden, wenn er über seine neuesten Entdeckungen berichtete. Anfänglich bestanden seine Vorträge aus voneinander unabhängigen Beobachtungen von geringerer Bedeutung, von 1773 an begannen sie sich aber um einen bestimmten Problemkomplex zu gruppieren. Das Phänomen der Verbrennung war der Ausgangspunkt, durch dessen Klärung er die gesamte Chemie neu formte.

Andere öffentliche Tätigkeiten

Die Jahre nach der Heirat verbrachte Lavoisier auf jedem Gebiet seiner Tätigkeit in fleißiger Arbeit. Sowohl in seiner wissenschaftlichen wie in seiner bürgerlichen Laufbahn konnte er schöne Fortschritte verbuchen.

1774 starb nach 59jähriger Regierung im Alter von 64 Jahren König Ludwig XV. an den Pocken. Der neue König Ludwig XVI. war 21 Jahre, seine Frau Marie Antoinette 20 Jahre alt, als sie den Thron bestiegen. Der junge König war den bestehenden Problemen gegenüber nicht unempfindlich, konnte aber seine Unentschlossenheit nicht überwinden: die ihm zur Verfügung stehenden Mittel des königlichen Absolutismus traute er sich weder zu gebrauchen noch abzuschaffen. Seine ersten Verfügungen nach der Thronbesteigung deuteten auf Reformwillen. Neuer Finanzminister wurde Turgot, ein führender Kopf der unter dem Namen Physiokraten bekannten politisch-philosophischen Gruppe. Dieser Gruppe stand nach seinen Schriften auch Lavoisier am nächsten. Die Physiokraten waren die bewußten Repräsentanten des bürgerlichen Kapitalismus. Sie waren auch der Ansicht, daß Änderungen notwendig seien, die jedoch als Reform unter der Leitung der Regierung stattfinden müßten. Das wirtschaftliche Leben – so lehrten sie – folge ebenso wie die Naturwissenschaften Gesetzen, die keine Verletzung duldeten. Die absolute Freiheit der Wirtschaft sei ein Grundgesetz.

In die Vorstellungen Turgots paßte die Organisation der Ferme eigentlich nicht hinein. Einstweilen vermochte er aber daran nichts zu ändern. Er hatte vorerst Wichtigeres zu tun. Vorsichtig versuchte er, die sorgsam bewachte Festung der Steuerfreiheit des Adels anzutasten und aufzulockern. In dem Maße, wie er seine Pläne verfolgte, wuchs die Wut des Adels gegen ihn, der zum Angriff überging und bald erreichte, daß Turgot entlassen wurde.

Das kurze Ministeramt von Turgot brachte ein wichtiges und vorteilhaftes Ereignis für Lavoisier. Im Jahr 1775 ernannte ihn Turgot zum Direktor der neugeschaffenen staatlichen Pulververwaltung. Von da an lagen alle Angelegenheiten der Pulverfabrikation, angefangen mit der Beschaffung des Salpeters bis zur Versorgung der Armee mit Pulver, in seinem Wirkungskreis. Er leitete beinahe 20 Jahre hindurch die Pulververwaltung, die in diesem Zeitraum sehr gewinnbringend arbeitete. Er befaßte sich nicht nur mit der geschäftlichen Leitung, sondern auch mit den technologischen Fragen und führte mehrere Neuerungen in der Fabrikation ein. Um in den Siedereien nach einheitlicher Technik zu arbeiten, veröffentlichte Lavoisier 1777 seine Vorschriften zur Fabrikation von Salpeter und Pulver in einem Büchlein von 83 Seiten. 1794, als die Republik um ihr Dasein gegen die Intervention von außen kämpfte und alle ihre wirtschaftlichen Kräfte anspannte, ist das Buch auf Staatskosten in hoher Auflagenzahl neu herausgegeben worden, um die Salpeter- und Pulverproduktion zu steigern. Diese Ausgabe gibt jedoch nicht mehr den Namen des Verfassers an, der zu jener Zeit schon im Gefängnis sein Urteil erwartete. Eine Ursache dafür, daß das revolutionäre Frankreich den Angreifern erfolgreich zu widerstehen vermochte, war unter anderem auch dem Umstand zu verdanken, daß Lavoisier die Pulverfabrikation musterhaft organisiert hatte. Von dem hochwertigen Pulver profitierte Frankreich jedoch schon vor der Revolution, noch mehr die amerikanischen Aufständischen, die mit französischem Pulver gegen die Engländer kämpften.

Bekanntlich sympathisierte die Bevölkerung Frankreichs in hohem Maß mit dem amerikanischen Aufstand, da sich dieser gegen den alten Rivalen Großbritannien richtete, der erst vor kurzem das französische Kanada unterworfen hatte. Seit 1776 vertrat in Paris der berühmte Wissenschaftler und Staatsmann Benjamin Franklin zuerst in inoffizieller, später in amtlicher Eigenschaft das amerikanische Volk. Die französische Regierung drückte jedoch schon vor ihrer direkten Intervention ein Auge zu, wenn es sich um Schmuggel von Kriegsmaterial in die Neue Welt handelte. Pulver spielte in diesen Lieferungen eine bedeutende Rolle, wodurch Lavoisier mit der amerikanischen Delegation oft in Fühlung kam. Einen Mann wie Franklin, den jede wissenschaftliche Frage interessierte, verband bald ein freundschaftliches Verhältnis mit Lavoisier. Die Freundschaft blieb auch nach der Heimkehr Franklins in die USA in Form eines regen Briefwechsels bestehen.

Als Direktor der Pulververwaltung erhielt Lavoisier jährlich 2 400 Livres Bezahlung, weiterhin für jedes Pfund Pulver unter 1 Million Pfund 1 Sou, über 1 Million Pfund 2 Sou. Es stand ihm auch eine schöne Dienstwohnung im Arsenal zu. Dieses befand sich nordöstlich der Insel Saint Louis am Nordufer der Seine, jenseits der Sully-Brücke. Jetzt existiert nur noch ein einziges Gebäude des alten Arsenals, worin sich die sogenannte Arsenal-Bibliothek befindet.

Lavoisier lebte in guten Verhältnissen. Seine Einnahmen, sein Vermögen nahmen ständig zu. 1778 kaufte er sich ein Gut in der Nähe von Villefranceur bei Fréchines. Er zahlte dafür 229 075 Livres. Im selben Jahr, 1778, verstarb Lavoisiers Vater. Von ihm erbte er den Besitz bei de Bourget, den er jedoch nicht selbst bewirtschaftete, sondern in Pacht gab. In den nächsten Jahren vergrößerte er sein Gut in Fréchines noch um etwa 200 Hektar.

Der größte Teil der Einkünfte Lavoisiers stammte jedoch zweifelsohne aus seiner Tätigkeit als Fermier. Die französischen Biographen Lavoisiers fanden wenig Gefallen an dem Umstand, daß der große Chemiker, der „Begründer der modernen Chemie", eine so wenig sympathische Beschäftigung ausübte. Man brachte im vorigen Jahrhundert die Entschuldigung vor, Lavoisier habe sich als Hauptzollpächter betätigen müssen, um eine finanzielle Basis für seine kostspieligen chemischen Versuche zu haben. Fermier zu sein, wäre nur eine Notwendigkeit für ihn gewesen, woran er selbst am wenigsten Freude hatte. Eine unnötige Ausrede. Lavoisier hatte sicher wissenschaftliche Ausgaben, seine Einnahmen waren jedoch viel größer. Man zählte ihn zu den reichsten Leuten Frankreichs.

Der vielseitige Gutsbesitzer-Wissenschaftler konnte sich natürlich nicht enthalten, auch in der Landwirtschaft zu experimentieren. Dabei hat er erfahren müssen, daß das Experiment in der Landwirtschaft viel komplizierter und unberechenbarer, von viel mehr Umständen abhängig ist als im Laboratorium. Er mußte feststellen, daß Investitionen in der Landwirtschaft viel langsamer und weniger Gewinn bringen als in Handel und Gewerbe. Sorgfältig analysierte er auch den Ertrag seiner Felder, wieviel von jedem eingebracht worden war, wieviel das Korn und wieviel das Stroh auf den in verschiedener Weise behandelten Äckern wog. Er analysierte die Böden seiner Äcker. Er experimentierte fleißig mit Luzerne und Klee. Trotz seiner Ideen und zahlreichen Vorstellungen mußte Lavoisier erfahren, daß er kein guter Landwirt war. Seine Gedanken entstanden im Studierzimmer, und die Praxis zeigte sich nicht geneigt, ihnen Folge zu leisten. Da aber Lavoisier hartnäckig in der Durchführung seiner Ideen war, mußte er den Verlust tragen. Er spielte eine aktive Rolle in der Landwirtschaftlichen Gesellschaft.

Seine agrarpolitischen Vorschläge entsprachen seiner physiokratischen Ansicht. Charakteristisch ist sein Standpunkt in der Frage zur Verbesserung der Fleischversorgung. Er schrieb:

> Die Regierung möchte gleichzeitig zwei Ziele erreichen. Einerseits möchte sie, daß reichlich Fleisch zur Verfügung stehe, andererseits, daß es billig sei. Die beiden Ziele lassen sich wohl kaum auf einmal verwirklichen, auch nicht durch Verordnungen. Der Fleischmangel wird sich nicht durch Einmischung und Preisstopp seitens der Regierung bannen lassen. Damit läßt sich höchstens erreichen, daß der Mangel Dauerzustand wird. [1, Bd. 6, S. 269]

Die Lösung der Frage ergibt sich nach Lavoisier am schnellsten, wenn man Fleischproduktion und Viehhandel von allen Bindungen befreit. Er erkannte auch, daß die Institution der Leibeigenschaft, weiterhin die hohen Pachtgebühren, die Frondienste, die die Bauern den Gutsherrn gegenüber zu leisten hatten, für das Elend der landwirtschaftlichen Bevölkerung verantwortlich waren und kritisierte diese Zustände.

Nach dem Beispiel der englischen Geldinstitute wurde 1776 in Paris eine große Bank gegründet, die Caisse d'Escompte, die auch Banknoten in Verkehr brachte. Lavoisier gehörte der Direktion der Bank an und spielte 15 Jahre hindurch eine wichtige Rolle in den Geschäften des Unternehmens. 1779 wurde er vollberechtigtes Mitglied der Ferme Générale. Inzwischen erfuhr die Organisation der Ferme bedeutende Änderungen. Necker, der neue Minister, schloß 1780 den Pachtvertrag im wesentlichen im Geist der Vorstellungen Turgots. Nach dem vorgestreckten Kapital durften die Fermiers fortan nur mehr 7 % Zinsen berechnen. Die wichtigste Neuerung war jedoch, daß der Gewinn nach dem neuen Vertrag nicht mehr ausschließlich der Ferme zufiel, sondern zur Hälfte dem Schatzamt.

Der Chemiker

Im Jahr 1778 wurde Lavoisier mit seinen 35 Jahren jüngstes ordentliches Mitglied der Akademie. Sein Haus zählte die hervorragendsten Persönlichkeiten des wissenschaftlichen Lebens zu seinen Gästen. Die verschiedenen Ausschüsse der Akademie hielten gern ihre Sitzungen statt in den Räumen der Akademie in der Wohnung Lavoisiers ab, um so lieber, da die Sitzungen zumeist durch ein Mahl unterbrochen wurden. Und die Küche Madame Lavoisiers hatte einen sehr guten Ruf. Die früher üblichen ungebundenen Laboratoriumsgespräche nahmen mit der Zeit allerdings eine feierlichere Form an. Sie wurden sozusagen wissenschaftliche Berichterstattungen, die mit Experimenten verbunden waren, wobei immer der Hausherr den Bericht vortrug. Später wurden sogar Einladungen versandt. Sie begannen folgendermaßen:

Monsieur Lavoisier würde Sie gern am . . . in seinem Laboratorium willkommen heißen, wo er mit Experimenten beweisen wird. . .

In seiner Dienstwohnung im Arsenal richtete sich Lavoisier ein sehr schönes Laboratorium ein. Es war mit allem ausgerüstet, was zu jener Zeit vorstellbar war, mit Waagen, Luftpumpen, Öfen und Instrumenten. Letztere ließ er durch die besten Handwerker herstellen. Nicht selten handelte es sich um spezielle Geräte eigens zu seinen Versuchen, deren Konstruktionspläne er selbst entwarf. Alle Ausländer, die mit der Wissenschaft etwas zu tun hatten, suchten Lavoisier auf, so oft sie sich in Paris aufhielten. Young, der englische Weltreisende, nannte dieses Laboratorium ein „Theater der Experimentierkunst, dessen Vorstellungen von der ganzen Welt mit Aufmerksamkeit verfolgt werden" [4]. Seine wissenschaftlichen Forschungen betrieb Lavoisier mit großer Begeisterung. Mit dem Optimismus des aufgeklärten Menschen des 18. Jahrhunderts schaute er der Zukunft entgegen. Er war sich der künftigen zunehmenden Bedeutung der Wissenschaft klar bewußt und schrieb in einer Abhandlung während der Revolution:

·3 Geräte aus Lavoisiers Laboratorium (Conservatoire des Arts et Métiers, Paris)

Organisiert den öffentlichen Unterricht in jeder Stufe und laßt die wissenschaftliche Forschung aufblühen! ... Die Nation, die nicht ihre wissenschaftliche Forschung und damit ihre Industrie entwickelt, so daß diese stagniert oder zurückgeht, wird bald von den Rivalen überholt. Sie wird rasch Macht, Reichtum und Handel verlieren und zu leichter Beute jedes fortschrittlicheren Eroberers werden.

Lavoisier teilte die mechanisch-materialistische Weltanschauung vieler seiner Zeitgenossen nicht völlig. Er war sich der Schranken der Wissenschaft, der Relativität der jeweiligen Kenntnisse bewußt.

Die Chemie verfolgt ihr Ziel, indem sie zerlegt, abermals zerlegt und weiter zerlegt. Wir wissen nicht, wo die Grenze ihres Strebens liegen wird. Nichts gibt uns Sicherheit, daß die Substanzen, die wir heute für einfach halten, es tatsächlich sind. Wir können nur behaupten, dieser Stoff stellt heute die Grenze der analytischen Chemie dar, mit unseren Kenntnissen und Geräten läßt er sich nicht weiter zerlegen. [1, Bd. 1, S. 13]

Lavoisier schrieb auch seine Ansicht über die Methode der wissenschaftlichen Forschung nieder. Er war Anhänger der induktiv-experimentellen Schule. Das Experiment ist die Quelle aller Erkenntnisse:

Wir sind in der Lage eines Kindes, wenn wir mit dem Studium einer Wissenschaft beginnen. Unser Weg ist derselbe, den das Kind bei der Gestaltung seiner Vorstellungen zurückzulegen hat. So wie beim Kind jede Vorstellung Folge einer Sinnesempfindung ist, entsteht jede Idee in den physikalischen Wissenschaften auch durch Sinnesempfindung. Eine Theorie kann nur als unmittelbare Konsequenz einer Erfahrung oder eines Experiments aufgestellt werden. [1, Bd. 1, S. 3]

Die Hypothesen können in der Wissenschaft trotzdem nicht entbehrt werden:

Die Hypothesen, nacheinander entstehend, dann durch neue Erfahrungen bestritten, verbessert oder geändert, werden uns eines Tages unfehlbar zur wahren Erkenntnis der Gesetze der Natur hinleiten. [1, Bd. 5, S. 357]

Er unterließ es jedoch nicht zu wiederholen:

Jede Hypothese muß dem strengen Zeugnis des Versuchs unterworfen werden. Dies war das wichtigste Gebot für mich! Ich habe nur etwas behauptet, wofür Versuche zeugten. [1, Bd. 5, S. 357]

Dies sind die Prinzipien, die Lavoisier sich bei der Forschung vor Augen hielt und denen er folgte.

Der Stand der Chemie im 18. Jahrhundert

Die Physik war im 18. Jahrhundert der Chemie weit überlegen. In der Physik rechnete man schon mit mathematisch exakt definierten Gesetzen, während in der Chemie hier und da noch alchemistische Ansichten herumgeisterten.
Lavoisier war mit den Methoden der Physik wohlvertraut. In der Physik mißt man. Lavoisier begann, auch in der Chemie zu messen. Das findet man oft in dem Satz ausgedrückt, Lavoisier habe die Waage in die Chemie eingeführt. So formuliert, ist es jedoch übertrieben. Die Waage ist eine mehr als 4000 Jahre alte Erfindung. Auch die Chemiker bedienten sich ihrer seit langem, jedoch nur zum Wiegen, nicht zum Messen, d. h., man benutzte sie in der Analyse. Lavoisiers Verdienst ist es, die Waage nicht nur zum einfachen Wiegen, sondern als ein Meßinstrument zu gebrauchen, um allgemeine chemische Gesetze oder theoretische Vorstellungen zu beweisen. Er maß und dachte quantitativ.
Die Lehrbücher der Chemie schreiben Entdeckung und Veröffentlichung des Gesetzes der Erhaltung der Massen im allgemei-

nen Lavoisier zu. Dies ist jedoch ein Ruhm, der ihm nicht gebührt. Die erwähnte These ist nämlich uralt. Sie wurde schon im Altertum von manchen Philosophen ausgesprochen. Ähnliches liest man bei Aristoteles, dann in dem Zeitalter der Renaissance bei Telesio. Später bei Francis Bacon, Mersenne, Hooke, Mariotte, Descartes, Lomonossow. Immer wieder könnten wir denselben Satz in beinahe ganz gleicher Formulierung zitieren.

Welches Verdienst hat also Lavoisier? Es besteht darin, die These von der Erhaltung der Massen aus der abstrakten Höhe der Philosophie in das Laboratorium heruntergeholt und neben die Waage gestellt zu haben. Er betrachtete diesen Satz nicht als eine allgemeine sich auf das Weltall beziehende Weisheit, sondern als ein Prinzip, das bei jedem einzelnen Versuch für die Menge der beteiligten Stoffe gültig sein muß. Übrigens präsentierte Lavoisier diesen Satz niemals thesenartig; er formulierte ihn überhaupt nur einmal, und dann auch nur in einem Nebensatz. Stillschweigend herrschte diese Anschauung hingegen bei jedem seiner Versuche. Stillschweigend mußte natürlich dieser Satz von allen Chemikern vorausgesetzt werden, die überhaupt eine quantitative Analyse zu unternehmen versuchten. Seit Lavoisier erkennen die Chemiker jedenfalls bewußt diesen Satz an, nach dem sie früher vielleicht nur unbewußt handelten. Der erwähnte Nebensatz befindet sich übrigens in seinem „Traité élémentaire . . .“ in dem Kapitel, in welchem er über die Gärung von Most berichtet. Dort schreibt er:

Most = Alkohol + Kohlendioxyd, da weder in natürlichen noch in künstlichen Vorgängen etwas geschaffen wird. Man darf als Prinzip feststellen, daß vor und nach jeder Operation die Menge der Materie gleich ist, es geschehen nur Änderungen, Umwandlungen. Das ist ein Prinzip, auf welchem das ganze chemische Experimentieren beruht: man muß eine wahre Gleichheit oder Gleichung bei den Stoffen, die man untersucht, und denen, die durch die Analyse sich bilden, voraussetzen. [1, Bd. 1, S. 618]

Was verdankt die Chemie außerdem noch Lavoisier? Ihm ist die Erkennung der Komponenten der Luft zu verdanken, obwohl weder Sauerstoff noch Stickstoff von ihm entdeckt worden sind. Er machte uns mit der Zusammensetzung des Wassers bekannt. Wenn auch bestritten werden kann, daß er als erster Wasser aus Sauerstoff und Wasserstoff synthetisierte, so ist gewiß, daß Lavoisier als erster Wasser zersetzte. Er klärte den Begriff der Säuren. Er war der Bahnbrecher der Thermochemie und der organischen

Elementaranalyse. Er erklärte den Atmungsvorgang. All dies steht in Verbindung damit, daß er die Erklärung für den Verbrennungsprozeß gab. Dieser stand im Mittelpunkt seiner Untersuchungen. Seine neue Chemie nannten die Zeitgenossen antiphlogistische Chemie. Es mußte folglich auch eine phlogistische Chemie gegeben haben.

Trotz der zahlreichen Fortschritte der Chemie im 17. Jahrhundert gab es eine Erscheinung, die Verbrennung, für die keine Erklärung existierte. Am Ende des 17. Jahrhunderts entwarf Georg Ernst Stahl eine theoretische Erklärung für die Verbrennung, die sogenannte Phlogistontheorie. Nach dieser bestehen die Körper aus einem verbrennbaren und einem unverbrennbaren Teil. Während der unverbrennbare Teil von der stofflichen Art des betreffenden Körpers abhängt, ist der brennbare überall gleich. Er heißt Phlogiston, ist ein fast gewichtsloses Elementarteilchen, und bleibt deshalb unbemerkbar. Beim Verbrennen entweicht das Phlogiston. Je mehr Phlogiston in einem Körper enthalten ist, um so leichter ist er verbrennbar. Stein enthält kein Phlogiston, deshalb verbrennt er nicht, hingegen bestehen Holz oder Kohle beinahe aus reinem Phlogiston. Phlogiston geht bei den chemischen Vorgängen von einem Körper auf den anderen über. Luft ist deshalb zum Verbrennen nötig, weil das entweichende Phlogiston allein nicht existieren kann, es wird durch die Luft aufgenommen. Auch bei anderen chemischen Reaktionen, etwa beim Lösen, kann sich eine Phlogistonübertragung zwischen den reagierenden Stoffen abspielen. Mit Hilfe der Phlogistontheorie konnten zahlreiche Vorgänge auf einheitlicher Basis scheinbar richtig erklärt werden. Eine solche Theorie brauchte die Chemie schon seit langem, kein Wunder, daß sich die Phlogistontheorie rasch verbreitete. So fand damit der Vorgang der Metallerzeugung in den Hütten seine Erklärung: In den Hochöfen wird Metalloxid mit Kohle zu Metall reduziert. Phlogistisch klingt die Erklärung des Vorgangs folgendermaßen: Metallkalke (so wurden damals die Oxide bezeichnet) vereinigen sich mit Kohle, die, wie bekannt, fast aus reinem Phlogiston besteht, zu Metall. Wenn nämlich

Metall – Phlogiston = Kalk,
so ist umgekehrt
Kalk + Phlogiston = Metall.

Oder bei der damaligen Schwefelsäurefabrikation: Schwefel wurde verbrannt, das Schwefeldioxid in Wasser absorbiert, die entstehende schweflige Säure durch die Luft zu Schwefelsäure oxydiert. Nach Stahl lautet der Vorgang folgendermaßen: Der phlogistonreiche Schwefel verliert beim Verbrennen einen Teil seines Phlogistons, man erhält die phlogistonarme schwefelige Säure, die beim Stehen das restliche Phlogiston an die Luft abgibt und zu Schwefelsäure wird. Auch das Auflösen ist ein Vorgang mit Phlogistonaustausch. Wie bekannt, verwandelt sich Zinn beim Auflösen in Salpetersäure durch Oxydation in Zinnoxid. Phlogistisch: das Metall übergibt sein Phlogiston der Säure, wobei Kalk ausscheidet, ebenso wie bei der Verbrennung.

Man wird an den angeführten Beispielen bemerkt haben, daß die Phlogistontheorie einen Keim der Wahrheit enthielt, nämlich daß beim Verbrennen eine Wechselwirkung besteht, die sich im Austausch einer stofflichen Substanz zeigt. Eben deshalb vermochte die Phlogistontheorie für die Redoxerscheinungen eine anschauliche Erklärung zu geben. Heute, wo Oxydation durch Elektronenverlust, Reduktion durch Elektronenaufnahme gedeutet wird, tritt dieser positive Keim der Lehre Stahls noch mehr in Augenschein:

Oxydation = Phlogistonabgabe = Elektronenabgabe
Reduktion = Phlogistonaufnahme = Elektronenaufnahme.

Im vorigen Jahrhundert neigten die Historiker der Chemie dazu, die ganze Stahlsche Lehre einen Holzweg zu nennen und das Phlogiston-Jahrhundert für eine Verirrung zu erklären. Sie wunderten sich besonders darüber, daß die Phlogistiker nicht den großen Widerspruch ihrer Theorie bemerkt hatten, nämlich daß, wenn etwas beim Verbrennen entweichen würde, der Rückstand nach dem Verbrennen leichter sein müsse als zuvor. Hingegen wiegen die Metalloxide mehr als die Metalle. Man beschuldigte die Phlogistiker, sich nicht der Waage bedient zu haben, weshalb diese Tatsache ihrer Aufmerksamkeit entging. Irrtum! Die Phlogistiker waren sich dessen bewußt, daß das Oxid mehr wiegt als das Metall. Was sieht denn der Mensch öfters verbrennen, Metall oder Holz, Kohle oder Papier? Bei den letzteren bemerkt er aber, daß sich etwas entfernt und der Rückstand viel leichter ist als die ursprüngliche Substanz. Kein Wunder, daß es naheliegender war, daran zu denken, daß beim Verbrennen etwas weggeht als dazukommt! Wie sollte man denn darauf kommen, daß aus der Luft, die seit Jahrtausenden als unzersetzbares Grundelement galt, sich etwas dem verbrennenden Stoff anlagere? Notwendigerweise mußte das Verbrennen der Metalle als ein spezieller Fall betrachtet werden, für den eine besondere Erklärung zu suchen war. Es war nicht einmal schwer, diese Erklärung zu finden. man besaß ja die Behauptung des großen Boyle, daß bei der Verbrennung von Metallen sich Feuerteilchen mit dem Metall vereinten, die trotz des Entweichens von Phlogiston eine Gewichtszunahme verursachten. Hier muß ein fehlerhafter Versuch Robert Boyles erwähnt werden, in dem er Verbrennungserscheinungen untersuchte. In einem geschlossenen Kolben ließ er Zinn verbrennen. Das Gewicht des geschlossenen Kolbens samt Zinn bestimmte er vor und nach dem Versuch und fand, daß das Totalgewicht durch das Verbrennen zugenommen hatte. Was konnte für die Gewichtszunahme verantwortlich sein? Der Feuerstoff, der auch die Wand des Gefäßes zu durchdringen vermag, so lautete Boyles Antwort. [5, S. 216] Der Versuch war fehlerhaft, denn beim Verbrennen nimmt das Gewicht eines geschlossenen Systems nicht zu.

Die auf irgendeine umfassende chemische Theorie schon lange wartenden Chemiker griffen die Phlogistontheorie begeistert auf. Sie verbreitete sich rasch. Dies ist die Ursache dafür, daß Stahls Theorie beinahe widerstandslos angenommen wurde, obgleich sie falsch war, während Lavoisiers richtige Theorie nur zögernd und widerstrebend akzeptiert wurde. Erstere traf nämlich auf ein freies Feld, während letztere auf eine systematisch aufgebaute, über eine gewisse Vergangenheit verfügende Theorie gestoßen ist, die durch die Anerkennung zahlreicher Autoritäten unterstützt wurde.

In dem Dreivierteljahrhundert, das zwischen Stahl und Lavoisier vergangen war, unterlag aber auch die Phlogistontheorie manchen Veränderungen. Es häuften sich Erscheinungen, die nicht mehr befriedigend erklärt werden konnten. Die Untersuchung der Gase stand im Mittelpunkt der Forschung jenes Jahrhunderts. Stephen Hales erfand das Gasometer, mit dessen Hilfe Gase aufgefangen werden konnten (Pneumatische Wanne 1727). [6, Bd. 1, S. 171] Joseph Black untersuchte das beim Glühen von Karbonaten frei werdende Gas, das Kohlendioxid. Er stellte fest, daß es sich von der Luft unterscheidet. [7]

Henry Cavendish, von dem noch öfter die Rede sein wird, entdeckte 1766 ein anderes, von der Luft verschiedenes Gas, den Wasserstoff, den er „verbrennbare Luft“ nannte. Das Gas ist viel leichter als Luft oder fixe Luft. Viele Chemiker neigten dazu, dieses Gas für das gesuchte Phlogiston zu halten. [8] Beim Auftreten Lavoisiers wies die Phlogistontheorie bereits Risse auf, und Probleme offenbarten sich schon schärfer. Dies änderte aber nichts an dem Umstand, daß diese Lehre die in der ganzen Welt angenommene Theorie war, nach deren Richtlinie die Chemiker forschten, dachten und publizierten. Die Chemiker, die darin lebten, sahen die Mängel der Phlogistontheorie nicht so klar wie diejenigen Wissenschaftler, die von außen, von weiter fortgeschrittenen Wissenschaften her das Problem betrachteten. Die Große Französische Enzyklopädie schrieb dazu:

Es ist klar, daß eine innere Revolution auch die Chemie zu dem Rang aufsteigen lassen wird, den sie verdient. Sie wird die Exaktheit der mathematischen Physik erreichen. Es wird sicher ein geschickter, begeisterter und kühner Chemiker kommen, der durch seine Anregungen das Interesse der Wissenschaftler auf sich ziehen und durch seine entschiedenen Ansichten und energische Beweisführung die übernommenen Vorurteile erfolgreich bekämpfen wird. Wir erwarten diesen neuen Paracelsus! [9]

Als diese Zeilen geschrieben worden sind, lebte schon der erwartete neue Paracelsus, Lavoisier der aber damals erst zehn Jahre alt war. Nach diesem kleinen, aber nötigen chemiehistorischen Rückblick wollen wir wieder zu ihm zurückkommen.

Die Entdeckung des Sauerstoffs

Nach kleineren chemischen Untersuchungen wendete sich Lavoisier den Gasen zu. Es ist erstaunlich, mit welch bewußter Zielsetzung, mit welch durchdachten Plänen Lavoisier sich an die Bearbeitung dieses Gebietes machte. Aus seinen gewissenhaft geführten und datierten Laboratoriumsprotokollen läßt sich auf den Tag genau feststellen, wann er diese Arbeit begann. Es war am 20. Februar 1773. Mit folgender Aufzeichnung begann er sein Werk:

Jetzt, wo ich eine lange Versuchsserie zur Untersuchung der elastischen Flüssigkeiten, die aus verschiedenen Stoffen durch Gärung, durch Destilla-

tion, durch chemische Reaktionen oder durch Verbrennen entstehen, beginne, scheint es mir notwendig, einige Gedanken niederzuschreiben, damit sie mir später als Arbeitsplan dienen ...
Die Wichtigkeit des Objekts veranlaßt mich, alles zu wiederholen, was mir geeignet zu sein scheint, in der Chemie und Physik eine Revolution hervorzurufen. Alles, was vor mir gemacht worden ist, will ich nur als Wegweisung betrachten. Ich hoffe, daß es mir durch die Wiederholung der Versuche gelingen wird, die Kenntnisse über die sich an den Körper fixierenden oder daraus entweichenden Substanzen mit anderen Erfahrungen zu verbinden und Licht in diese Erscheinungen zu bringen. Die Arbeiten der erwähnten Forscher bedeuten für mich verstreute Glieder einer Kette. Es werden aber noch sehr viele Versuche nötig sein, um eine zusammenhängende Kette zu erhalten ... [10, S. 46]

Lavoisier gelangen schnell wichtige Entdeckungen. Schon früher, am 1. November 1772 deponierte er ein versiegeltes Kuvert in der Akademie. Darin schrieb er, daß er vor 8 Tagen entdeckt habe, daß das Gewicht von Schwefel und Phosphor beim Verbrennen nicht ab-, sondern zunimmt. Diese Gewichtszunahme komme aus der Luft, die sich beim Verbrennen mit den betreffenden Substanzen bzw. deren Dämpfen vereinige. Es kam ihm daraus die Überlegung, ob die Gewichtszunahme der Metalle beim Verbrennen nicht auf dieselbe Ursache zurückgeführt werden könnte.

Im nächsten Jahr hatte Lavoisier so viele neue Beobachtungen aus Experimenten gemacht, daß sie den Rahmen eines Vortrages überschritten. Er veröffentlichte sie in Buchform. Die Kosten des Druckes trug er selbst. Die Arbeit erschien am Anfang des Jahres 1774 unter dem Titel „Opuscules physiques et chimiques". Das Werk wurde in 1250 Exemplaren gedruckt. Es war ein interessantes, jedoch bei weitem nicht sensationelles Buch. Es bedeutete erst den Anfang des Ordnens. Das Wichtigste darin ist seine Beobachtung, daß Metalle in einem geschlossenen Raum nicht unbegrenzt, sondern nur bis zu einem gewissen Grad verbrannt werden können, und zwar bis zu dem Grad, wo sich das Luftvolumen um $^1/_5$ vermindert hat. Man darf vielleicht annehmen, meint Lavoisier, daß sich dieser Teil mit dem Metall vereint hat und so für dessen Gewichtszunahme verantwortlich ist. Wird nämlich aus dem entstandenen Kalk mit Hilfe von Kohle das ursprüngliche Metall hervorgebracht, so erhält man auch das verschwundene Gasvolumen zurück. Es scheine aber, daß diese Luft nicht ganz identisch mit dem verschwundenen Gas sei. Beim Verbrennen von Phosphor verschwinde ebenfalls $^1/_5$ der Luft, bevor das Brennen aufhört. Weiterer Phosphor lasse sich nur dann verbrennen, wenn frische Luft zugeführt werde. Ob sich denn die Luft oder ein Teil der Luft an den Phosphor binde? Nach Dichtemessungen müßte der anhaftende Teil schwerer als die reine Luft sein. Dieser Teil der Luft könnte vielleicht Wasserdampf sein. Man müßte prüfen, ob durch Zufuhr von Wasserdampf das Verbrennen unterhalten, das Luftvolumen ergänzt werde. Diese Versuche fielen jedoch negativ aus. Versuchte man im Vakuum Phosphor zu verbrennen, so erfolgte nur eine Sublimation, jedoch keine Verbrennung. Dasselbe erfolgte auch beim Schwefel. Mit der vorsichtig geäußerten Vermutung, beim Verbrennen hefte sich die Luft oder ein Teil davon an die brennende Substanz an, schließt das Buch. [2]

Lavoisier ist hier auf den Widerspruch zu Boyles Versuch und Folgerung über die Verbrennung im geschlossenen Raum gestoßen. Boyle behauptete, in diesem Fall trete durch Aufnahme von Feuerteilchen eine Gewichtszunahme ein. War jedoch seine eigene Vermutung über die Anlagerung von Luft beim Verbrennen richtig, so durfte beim Versuch keine Gewichtszunahme auftreten. Über die Ergebnisse dieser Versuche berichtete Lavoisier der Akademie am 11. November 1774 unter dem Titel „Über das Verbrennen von Zinn in geschlossenem Raum und über die Ursachen der Gewichtszunahme der Metalle". [1, Bd. 2, S. 97 ff.] Er stellte in diesem bis heute als Schulversuch dienenden Versuch fest, daß Boyle sich geirrt habe. Wenn die Verbrennung in luftdicht abgeschlossenem Raum erfolgt, dann bleibe das Gesamtgewicht des Systems unverändert. Beim Verbrennen der Metalle in geschlossenem Raum vereinigt sich nichts mit ihnen, das von außen her in den Kolben gelangen würde. Weiterhin, in gegebenem Volumen Luft kann nur eine bestimmte Menge des Zinns verbrannt werden. Öffnet man den Kolben, so dringt so viel Luft hinein, als das separat gewogene Zinn an Gewicht zugenommen hat; die Konsistenz des Metalls hat sich dabei verändert. Es ist folglich ein Teil der Luft, der sich mit dem Zinn vereinigt hat. Er fügte dann weitere Gedanken hinzu, nämlich, daß derjenige Teil der Luft, der vom Zinn absorbiert wurde, schwerer, derjenige hingegen, der nach der Verbrennung im Kolben zurückblieb, leichter als die gewöhnliche Luft ist. Es scheint, daß nur der schwerere Teil der Luft das Brennen und das Atmen unterhält.

Ohne daß ich dieser Arbeit vorgreifen möchte, kündige ich es hier an, daß nicht die ganze Luft atembar ist; daß der gesunde Teil der Luft derjenige ist, der sich beim Verbrennen mit den Metallen vereinigt, während der andere eine gewisse Art von einem Stickstoff ist, der weder das Atmen noch das Brennen unterhält ... [1, Bd. 2, S. 105]

Am Schluß des Artikels erwähnte Lavoisier noch, daß in einem vom 14. November 1774 datierten Brief Pater Beccaria, Physiker in Turin, den Abbé Rozier, Redakteur der „Observations sur la physique" benachrichtigt hätte, er habe schon früher festgestellt, daß Zinn nicht in unbeschränkter Menge in geschlossenem Raum verbrannt werden könne. Die verbrannte Menge sei dem Rauminhalt des Gefäßes proportional, wobei das Gesamtgewicht unverändert bleibe. Diese seine Feststellungen habe er in der Turiner Zeitschrift „Miscellanea" veröffentlicht.

Die schönen und geistreichen Versuche des Pater Beccaria, über deren Einzelheiten ich erst nach meinem Vortrag Nachricht erhielt, liefern erneute Beweise der Tatsache, die ich in meinem Vortrag behandelte, nämlich, daß ein Teil der Luft sich beim Brennen mit den Metallen vereinige und so die Gewichtszunahme verursache.

Wir haben nur den Artikel Lavoisiers, woraus wir das obige zusammengefaßt haben. Es wurde dem Band für das Jahr 1774 der Memoiren der Akademie von Paris entnommen, da der Vortrag am 11. November 1774 gehalten wurde. Der Band für das Jahr 1774 erschien jedoch erst im Jahr 1777, also drei Jahre später. Bei dieser Gelegenheit müssen wir auf zwei charakteristische Eigenschaften Lavoisiers sofort hinweisen. Nämlich, während dieser drei Jahre kam Lavoisier in seinen Forschungen viel weiter. Im Lichte seiner neuen Befunde sah er vieles anders, deutlicher als zum Zeitpunkt seines Vortrags. Und dementsprechend machte er nachträglich Korrekturen im zum Druck bestimmten Text seines Vortrags. Die Texte der Vorträge und der Artikel differieren oft bei Lavoisier, weshalb es schwer ist festzustellen, was er gewußt hat, als er seinen Vortrag hielt, und was spätere Ergänzung ist. Und eben darüber Klarheit zu haben, wäre häufig sehr wichtig, um die Priorität klären zu können. Denn das Datum vom 11. November 1774 geht jener Publikation von 1777 voran. Aber was hörte man tatsächlich 1774 und was wurde bis 1777 ergänzt? Nicht nur in diesem Fall, sondern beinahe immer bestehen 3 bis 4 Jahre Differenz zwischen dem Vortrag und dem Erscheinen seines Textes im Druck. Gewisse Anhaltspunkte besitzen wir allerdings. Eine sehr eingehende Besprechung der Vorträge brachte stets die Zeitschrift „Observations sur la physique, l'histoire naturelle et les arts“ ebenfalls aus Lavoisiers Feder bald nach dem Vortrag. Obigen Vortrag findet man z. B. schon im Dezemberheft 1774 der erwähnten Zeitschrift. Zwischen den beiden überlieferten Texten besteht u. a. der wichtige Unterschied, daß zwar in den „Observations“ auch erwähnt wird, die Luft scheine zusammengesetzt zu sein, aber kein Wort darüber zu finden ist, daß die Dichte des sich mit dem Metall vereinenden Teils der Luft höher sei als die der gewöhnlichen Luft, weiterhin, daß einzig dieser Teil der Luft das Brennen unterhielte und atembar wäre. [11] Es ist also wahrscheinlich, daß dieser Teil später hinzugefügt worden ist. Lavoisier war sich der Bedeutung seiner Tätigkeit sehr bewußt und blickte mindestens mit einem Auge immer auf die Nachwelt. Demnach hatte er 1777 gute Gründe, den Eindruck zu erwecken, er hätte auf gewisse Tatsachen schon im Jahr 1774 hingedeutet. Am wichtigsten in Vortrag und Artikel ist die Behauptung, daß beim Verbrennen die brennenden Stoffe etwas aus der Luft aufnehmen und die Gewichtszunahme gleich der Menge der verschwundenen Luft ist. Niemand kann bezweifeln, daß diese Erkenntnis einzig und allein Lavoisiers Verdienst ist. Nicht so bedeutend, obzwar interessant und als Ausgangspunkt zu wichtigen Feststellungen dienend, war die Beobachtung, das Brennen höre in geschlossenem Raum bei einem gewissen Punkt auf. Das Verdienst dieser Erkenntnis beanspruchte Beccaria für sich.

Ein eigentümliches und immer wiederkehrendes Moment in Lavoisiers Leben war der Umstand, daß das Verdienst eines Versuchs häufig von anderer Seite beansprucht wurde. Es ging aber immer nur um Versuche, welche als Ausgangspunkt für bedeutend wichtigere Folgerungen dienten. Es ist bedauerlich und sonderbar, daß Lavoisier, obgleich er in brieflichem Verkehr mit allen wissenschaftlichen Zentren Europas stand und über alle Zeitschriften verfügte, eben von den wichtigsten Versuchen immer erst Kunde erhielt, nachdem er dieselben ausgeführt und darüber berichtet hatte. In dieser Hinsicht wurde er wirklich von fatalem Mißgeschick verfolgt! Es fällt auf, wie präzis Lavoisier das Datum des Briefes von Abbé Beccaria zitiert hat. Er war drei Tage nach seinem Vortrag datiert. In dieser kurzen Zeit konnte die Nachricht von seinem Vortrag sicher nicht bis nach Turin gelangt sein. Wer würde daran denken, daß diese Angelegenheit schon in seinem „Opuscules" berührt wurde und Beccarias Reaktion sich darauf bezog? Man beobachtete, wie geschickt Lavoisier die ganze Angelegenheit abgetan hat: „Die Versuche des Pater Beccaria, über deren Einzelheiten ich erst nach meinem Vortrag Nachricht erhielt, liefern erneute Beweise" für seine Feststellungen, von welchen er hier nur mehr diejenigen zwei betont, von denen er am besten wußte, daß sie von niemandem beansprucht werden konnten. So wurde aus dem vorhergehenden Versuch eines anderen der Beweis für Lavoisiers nachherigen Versuch. In anderen ähnlichen Fällen werden wir noch manchmal diese elegante Art bei Lavoisier bewundern können, eine peinliche Angelegenheit abzutun.

Ostern 1775 hielt Lavoisier einen noch wichtigeren Vortrag an der Akademie. Er berichtete über die Entdeckung des Sauerstoffs, wenn auch nicht unter diesem Namen. Das Wort „Oxygène" empfahl er erst 1779. Er sprach unter dem Titel „Über die Natur des Stoffes, der sich beim Verbrennen mit den Metallen vereinigt und ihr Gewicht erhöht". Der vollständige Text des Vortrags ist in den Memoiren der Akademie von 1775 zu finden, die 1779 erschienen [1, Bd. 2, S. 124]. Ein kürzerer Text findet sich in „Observations sur la Physique", Jahrgang 1775, der im gleichen Jahr veröffentlicht wurde [12]. Zwischen den zwei Texten lassen sich auch diesmal gewisse Abweichungen feststellen. Das ginge noch an, es gibt aber noch heiklere Dinge im Zusammenhang mit der Entdeckung des Sauerstoffs zu besprechen.

Zuerst betrachten wir, was Lavoisier über den Sauerstoff berichtet. Es gelang ihm, einen solchen Metallkalk zu finden, der sich einfach durch Erhitzen in Metall verwandelt. Das ist der „mercurius praecipitatus per se" (Quecksilberoxid). Er unternahm seine Versuche mit dieser Verbindung in der Zeit zwischen dem 28. Februar und dem 1. März 1775 in Gegenwart von mehreren Augenzeugen. Es entwich eine solche „elastische Flüssigkeit" (Gas), die am besten „besonders reine Luft" genannt werden könnte. In dieser Art von Luft erfolgt das Brennen heftiger als in gewöhnlicher Luft, sie ist schwerer als letztere, und die Tiere ersticken darin nicht. Es scheint also bewiesen zu sein, daß das, was sich beim Verbrennen mit den Metallen vereinigt und ihr Gewicht erhöht, eine reinste Komponente der Luft ist, die wir einatmen und die beim Brennen aus dem Gaszustand in den festen Zustand übergeht. In keiner der beiden Publikationen kommt jedoch der Name Priestley vor. Joseph Priestley erhitzte am 1. August 1774 Quecksilberoxid mit Hilfe einer Linse und stellte fest, daß daraus ein Gas entsteht, das die Verbrennung unterhält. Der Bericht Priestleys über seine Versuche erschien 1775. [13, Bd. 2, S. 33 ff.] Darin kann man lesen:

Als ich mich im Oktober 1774 in Paris aufhielt, erwähnte ich mehrmals in der Gesellschaft von Lavoisier, Leroy und anderer Physiker meine Überraschung, die mir das bei meinen Versuchen entstandene Gas verursachte. [13, Bd. 2, S. 320]

Nicht allein Priestley hat hier Prioritätsanspruch. Da ist noch Pierre Bayen, der zwei Veröffentlichungen in der Februar- und Aprilnummer der „Observations sur la Physique“, Jahrgang 1774, publizierte, die über die Untersuchung des Quecksilberoxids berichteten. Der Verfasser beschrieb seine Beobachtung, daß beim Erhitzen des Quecksilberoxids unter Entweichen eines Gases Quecksilber entsteht. Er bemerkte, daß die Gewichtszunahme der Metalle beim Verbrennen durch Luftabsorption verursacht wird. In einer im Februar 1775 erschienenen ergänzenden Veröffentlichung teilte Bayen noch mit, daß ungeachtet der Herstellungsweise aus Quecksilberoxid immer dasselbe Gas entstehe. Er fügte hinzu, daß diese Erscheinungen schwerlich durch die Phlogistontheorie erklärt werden könnten. [14, Bd. 1, S. 256 ff.] Lavoisier sprach auch über Bayen kein Wort.
Beide Forscher erhoben Einspruch. Bayen war ein unbekannter Mann. Um seine Beschwerde kümmerte sich Lavoisier nicht. Auch in weiteren Veröffentlichungen erwähnte er ihn nie. Mit Priestley konnte er sich das nicht erlauben. Priestley war ein weltberühmter Wissenschaftler. Bei ihm benützte Lavoisier seine diplomatische Verschleierungstaktik. Im nächsten Jahr, 1776, können wir in einem Artikel Lavoisiers lesen, wo er über Sauerstoff schrieb: „... welche Luftart ich aus Quecksilberkalk erzeugte und die Herr Priestley aus verschiedenen Substanzen ebenfalls herstellte.“ 1782 schrieb er folgendermaßen:

Sie werden sich erinnern, daß ich in der Ostersitzung 1775 die Entdeckung einer neuen Luftart ankündigte, die mir einige Monate früher gelungen ist. Ich erhielt diese Luft durch Erhitzen von Quecksilberkalk. Monsieur Priestley, der dieselbe Luft ungefähr gleichzeitig, ja wenn ich mich richtig erinnere, sogar etwas vor mir ebenfalls entdeckte, nannte sie dephlogistonisierte Luft ... [1, Bd. 2, S. 423]

Oder an anderem Ort:

Zu dieser Zeit standen die Gelehrten Frankreichs und Englands in eifrigem Briefwechsel; es herrschte zwischen diesen beiden Nationen eine Art Rivalität, die bei neuen Versuchen bedeutungsvoll war und die einige Male die Schriftsteller der einen oder der anderen Nation dazu verleitete, die wahren Urheber jener Versuche in Zweifel zu ziehen.

Wer hat also den Sauerstoff entdeckt? Die Tàtsache, daß beim Erhitzen von Quecksilberoxid ein Gas entsteht, in welchem die Verbrennung heftiger verläuft, entdeckten zuerst Bayen und Priestley. Die Feststellung, daß dieses Gas zum Atmen geeignet ist, machten Priestley und Lavoisier, allerdings beide erst nach ihrem Pariser Treffen. Es läßt sich wohl nie mehr klären, ob dieser Gedanke dabei zur Sprache kam, und wenn ja, durch wen. Die Erkenntnis ist Lavoisiers Verdienst, daß dieses Gas, der Sauerstoff, eine elementare Komponente der Luft ist, die sich beim Verbrennen mit der brennenden Substanz vereint, das Brennen unterhält, Gewichtszunahme der Metalle dabei verursacht, bei Reduktion der Oxide daraus entweicht, sich auch mit Kohle und Schwefel vereinigt. Die Tatsache also, daß Luft ein zusammengesetzter Körper ist, und die Rolle des Sauerstoffs in dem Verbrennungsvorgang im allgemeinen hat er als erster festgestellt. Priestley ist nicht darauf gekommen, um was es sich eigentlich handelt. Nach ihm war Sauerstoff nichts anderes als „phlogistonfreie Luft, dephlogistierte Luft", und dieser seiner Ansicht blieb er bis zu seinem Tode treu.

Das Jahr 1777 war das wissenschaflich fruchtbarste im Leben von Lavoisier. Er hielt nicht weniger als 15 Vorträge in der Akademie. Seine wichtigste Arbeit aus diesem Jahr ist zweifelsohne diejenige über die Atmung.

Lavoisier begann damit, Quecksilber in einem geschlossenen Raum zu verbrennen, wobei sich das Luftvolumen um 1/5 verminderte. Erhitzte er nun das entstandene Quecksilberoxid, so fand er, daß der dabei freigesetzte Sauerstoff mit dem zurückgebliebenen Stickstoff vereint ein Gemisch bildete, dessen Volumen und Qualität mit der ursprünglichen gewöhnlichen Luft völlig identisch war. Im folgenden setzte er einen Sperling in ein gegebenes Volumen

4 Lavoisier bei physiologischen Versuchen in seinem Laboratorium

von Luft und wartete, bis er verendete. Diesmal verminderte sich zwar das Volumen der Luft nicht, ihre Qualität entsprach aber trotzdem nicht der gewöhnlichen Luft. Diese Luft unterhielt weder Feuer noch ermöglichte sie das Atmen, hingegen trübte sie das Kalkwasser gerade so wie die fixe Luft (Kohlendioxid). Wurde dieser Anteil des Gemisches in Kalk absorbiert, so verminderte sich das Volumen auch hier gerade um 1/5. Die atembare Luft (Sauerstoff) verwandelt sich folglich in den Lungen in fixe Luft (Kohlendioxid). Es kann zwar auch möglich sein, bemerkte er, daß keine Verwandlung in den Lungen erfolgt, sondern die atembare Luft gebunden und anstatt ihrer ein gleiches Volumen von fixer Luft abgegeben wird. [1, Bd. 2, S. 423]
Im September desselben Jahres hielt Lavoisier einen zusammenfassenden Vortrag über die Verbrennung. Hier spielte er zuerst auf die Unhaltbarkeit von Stahls Theorie an. Allerdings tat er dies sehr vorsichtig. Er habe zwar nicht das Ziel, sagte er, Stahls Theorie durch einen bewiesenen Lehrsatz zu ersetzen oder kategorisch zu widerlegen, er wolle nur eine Ansicht vorlegen, mit der sich vielleicht einfacher und natürlicher gewisse Erscheinungen erklären ließen. Nach seiner Theorie sei es nicht nötig, beim Verbrennen die Gegenwart von Phlogiston vorauszusetzen. [1, Bd. 2, S. 174]

Die Zusammensetzung des Wassers

Im Jahre 1778 hielt Lavoisier nur einen Vortrag, in dem er seine Ansichten über die Zusammensetzung der Säuren vorführte. Die Säuren entstehen durch Verbrennung von Nichtmetallen, ihre gemeinsame und unerläßliche Komponente ist die sogenannte reinste Luft, für die Lavoisier hier und eben deshalb den Namen Sauerstoff, griechisch Oxygen, empfahl. In den nächsten Jahren führte er nicht die angefangene Linie weiter, der große Angriff gegen die Phlogistontheorie ließ weiterhin auf sich warten. [1, Bd. 2, S. 225]

Die wichtigste Arbeit aus dieser Zeit ist die Untersuchung über die Wärme, die er gemeinsam mit Laplace unternahm. Sie versuchten in ihren Experimenten, die in chemischen und biologischen Vorgängen entstehende Wärmemenge zu bestimmen. Sie wählten Eis als Maß, d. h., sie kennzeichneten die Wärmemenge durch die Menge Eis, die unter der Wirkung der betreffenden Wärme zerging. Sie konstruierten hierzu ein Gerät, das sie Eiskalorimeter nannten. Damit wurde ein wichtiges neues Gebiet der Chemie eröffnet, die Thermochemie. In dem Gerät bestimmten sie die spezifische Wärme von zahlreichen Substanzen, u. a. die Verbrennungswärme von Kohlenstoff, später auch von Wasserstoff. Die beiden Forscher stellten z. B. fest, daß beim Entstehen von einer Unze Kohlendioxid 26 Unzen 692 Gran Eis geschmolzen werden.

Im weiteren schlugen sie in ihren Wärmeuntersuchungen eine physiologische Richtung ein und machten hier auch grundlegende Feststellungen, nämlich, daß die tierische, d. h. Körperwärme, durch das Atmen, d. h. durch Vereinigung des Oxygens mit Kohlenstoff, erhalten werde. Das Atmen ist folglich ein Verbrennen, zwar ein sehr langsames Verbrennen, aber im übrigen ganz dem Verbrennen von Kohle ähnlich. [1, Bd. 2, S. 283]

Lavoisier schob seinen Generalangriff gegen Stahls Theorie hinaus, weil es noch eine Substanz gab, für deren Verbrennung er keine Erklärung zu finden vermochte. Dies war der Wasserstoff, eben der Stoff, den die Phlogistiker immer mehr mit dem längst gesuchten Phlogiston zu identifizieren neigten. Ein neues Argument von ihnen war, daß Wasserstoff deshalb kein Verbrennungsprodukt besitze, weil er ja selbst das Prinzip des Brennens sei, und das Verbrennen des Brennstoffes ja zu keinem Reaktionsprodukt führen kann. Es war also sehr wichtig, den Verbrennungsvorgang des Wasserstoffs zu klären. Cavendish, der Entdecker des Wasserstoffs, nannte den neuen Stoff eben deshalb „brennbare Luft", weil es leicht zu beobachten war, wie er explosionsartig verbrennt. Scheinbar gab es kein Reaktionsprodukt.

Lavoisier berichtete in der üblichen Saisonbeginn-Sitzung der Akademie am Martinstag 1783 über seine Versuche, durch welche er bewiesen hatte, Wasser sei ein zusammengesetzter Stoff. Er leitete Sauerstoff und Wasserstoff in ein durch Quecksilber abgesperrtes Gefäß. Er zündete das Gasgemisch an und untersuchte das sich nach der Verbrennung an der Oberfläche des Metalls sammelnde Wasser. Es war so rein wie das reinste destillierte Wasser, rötete nicht die Lackmuslösung und färbte den Veilchensaft nicht grün, trübte Kalkwasser nicht und gab überhaupt mit keinem der bekannten chemischen Reagenzien eine Reaktion. Wenn das Volumenverhältnis der Gase 2:1 betrug, ging die Reaktion sehr heftig, wie eine Explosion, vor sich. Das entstandene Wasser wog ebensoviel wie die beiden Gase gemeinsam. Blieb bei der Reaktion Gas übrig, so wog das Wasser eben um so viel weniger, als Gas verblieb. Wasser ist folglich ein aus „Lebensluft" (Sauerstoff) und „brennbarer Luft" (Wasserstoff) bestehender zusammengesetzter Körper.

Nach der Luft war nun von dem anderen Urelement, vom Wasser, erwiesen, daß es kein elementarer, sondern ein zusammengesetzter Stoff ist. War das Lavoisiers Entdeckung? Man trifft wieder auf merkwürdige Dinge. In der Abhandlung von Lavoisier kann man den folgenden Satz lesen, der weder am Anfang noch am Ende des Textes, sondern ungefähr am Ende des ersten Drittels nach Beschreibung der Vorbereitungen steht:

> Es war am 24. Juni 1783, als wir den Versuch in Gegenwart der Herren Laplace, Leroy, Vandermonde und anderen Mitgliedern der Akademie sowie von Herrn Blagden, Sekretär der Königlichen Gesellschaft in London, unternahmen. Letztgenannter informierte uns, daß Herr Cavendish in London schon versuchte, brennbare Luft in geschlossenem Gefäß zu verbrennen, und dabei eine sehr bemerkbare Menge von Wasser erhielt. [1, Bd. 2, S. 344 ff.]

Nach diesem auffallend schlecht und ziemlich unklar abgefaßten Satz geht die Beschreibung des Versuchs weiter.

In den deutschen „Crells Annalen“ erschien bald eine Erklärung von Blagden. Er sagte, Cavendish habe ihn und andere Mitglieder der Royal Society im Frühling 1783 über seine sonderbare Beobachtung in Kenntnis gesetzt, daß bei der Verbrennung der beiden Gase Wasser entstanden sei, dessen Gewicht dem Gewicht der Gase entsprach. Als er, Blagden, sich kurz danach in Paris aufhielt, habe er in einer Gesellschaft, wo auch Lavoisier und andere Mitglieder der Akademie anwesend waren, über diese Erfahrung von Cavendish gesprochen. Die französischen Herren interessierten sich sehr und baten Herrn Lavoisier, den Versuch zu wiederholen. So kam es zum Versuch vom 24. Juni. Er, Blagden, wolle damit nicht sagen, Lavoisier hätte über etwas berichtet, das nicht den Tatsachen entspreche, doch meine er, Lavoisier habe nicht die volle Wahrheit gesprochen. Die undeutlich verfaßte Bemerkung Lavoisiers sei geeignet, den Eindruck zu erwecken, als hätte er, Blagden, mit ihm erst nach dem Versuch über Cavendish gesprochen, während das tatsächlich mehrere Tage vor dem Experiment erfolgte und eben Anlaß des Versuchs war. [15]

So äußerte sich Blagden. Cavendish selbst trat mit seinen Erfahrungen erst lange nach Lavoisier vor die Öffentlichkeit, zwei Monate später. [16] Lavoisier hüllte sich über die Anschuldigungen zuerst in tiefes Schweigen. In seinem Buch schrieb er 1789: „Die Geschichte der Entdeckung der Zusammensetzung des Wassers ist noch umstritten.“ [1, Bd. 1, S. 86] 1792 begann er eine größere Arbeit, die nicht mehr beendet wurde. Seine Witwe veröffentlichte die Fragmente zehn Jahre nach seinem Tod. Darin liest man:

Es scheint, daß Cavendish der erste war, der beobachtet hatte, daß das Gewicht des entstehenden Wassers dem Gewicht der verschwindenden Gase entspricht.

Doch Cavendish meinte, Wasser bestehe folglich aus dephlogistierter Luft und Phlogiston. Dephlogistierte Luft sei folglich ein seines Phlogistons beraubtes Wasser. Lavoisier hingegen beendete seinen Vortrag über die Synthese des Wassers mit folgendem Satz:

Obzwar dieser Versuch keinen Zweifel darüber bestehen läßt, daß das Wasser, das so lange Zeit für ein Element gehalten wurde, in Wirklichkeit eine zusammengesetzte Substanz ist, genügt trotzdem zur Verkündigung

5 Wasserzerlegung nach Lavoisier
Der Wasserdampf kommt in dem mit Eisenspänen gefüllten eisernen Rohr, das zum Glühen erhitzt wurde, zur Zerlegung. Der Sauerstoff verbindet sich mit dem Eisen, der unzerlegt gebliebene Wasserdampf wird durch eine Kühlschlange kondensiert und der entstandene Wasserstoff in einer pneumatischen Wanne unter der Glasglocke aufgefangen.

einer Wahrheit von so großer Bedeutung ein Faktum nicht. Die Beweise müssen vervielfacht werden; nachdem Wasser künstlich synthetisiert worden ist, muß es auch noch zersetzt werden. [1, Bd. 2, S. 334]

Wahrscheinlich verfügte er zu dieser Zeit schon über vielversprechende Ergebnisse bei seinen Versuchen zur Zersetzung des Wassers, sein Mitarbeiter war ein junger Offizier des Geniekorps, Meusnier, und es gelang ihnen als erste in der Welt, Wasser zu zersetzen. Sie benutzten glühendes Eisen zur Zersetzung. Der Wasserdampf wurde durch eine glühende spiralförmige Eisenröhre, dann durch einen Kühler geleitet. Am Ende des Rohres erhielt man Wasserstoff, während Sauerstoff als Oxid durch das Eisen gebunden wurde. Sie unternahmen zahlreiche Versuche, mit denen sie bewiesen, daß das entweichende Gas tatsächlich Wasserstoff war. Lavoisier hielt diesen Vortrag am 15. April 1784 in der Akademie. [1, Bd. 2, S. 360]

Der Kampf gegen das Phlogiston

Mit der Feststellung der Zusammensetzung des Wassers hatte sich der Ring geschlossen. Im Gehirn Lavoisiers reihten sich die Beobachtungen und Entdeckungen zu einem zusammenhängenden Ganzen; aus den einzelnen Gliedern schloß sich die Kette der neuen Chemie, die zu schaffen er sich schon im Jahr 1772 entschlossen hatte. Die Annahme dieser neuen Chemie durch die Wissenschaft stand jedoch noch aus. Im Mittelpunkt seiner Tätigkeit in den folgenden Jahren stand nun der Kampf um die Anerkennung seiner Ansichten. Den Angriff eröffnete er im Jahr 1785. In einem Vortrag erklärte Lavoisier:

> Vielleicht ist es Ihnen aufgefallen, und Sie haben sich auch darüber gewundert, daß in meinen Veröffentlichungen der letzten Jahre niemals das Wort Phlogiston zu finden war ... Ich bin nämlich der Ansicht, daß die Existenz dieser Substanz völlig hypothetisch ist. [1, Bd. 2, S. 509]

Im nächsten Jahr ging er weiter:

> Ich bitte meine Hörer, sich von allen Vorurteilen frei zu machen, wenn Sie die von mir jetzt vorzuführenden Erscheinungen bei sich erwägen werden. Bitte denken Sie sich in die Zeit vor Stahl zurück und vergessen Sie, daß seine Lehre überhaupt existierte ...

Im folgenden erklärte Lavoisier logisch die Erscheinungen von Verbrennung, Auflösen und Säurebildung nach seiner Vorstellung. Er zeigte, daß diese Erscheinungen alle ohne Phlogiston erklärt werden konnten, und schrieb:

> Stahl war ein großer Wissenschaftler, aber seine Anhänger handeln unrichtig, wenn sie verbissen an dem Phlogiston festhalten. Nicht die Fiktion des Phlogistons ist das bleibende Verdienst von Stahl, sondern die Erkenntnis, daß die Metalle verbrennbare Stoffe seien und daß die Verbrennbarkeit eine von einem Stoff auf den anderen überführbare Eigenschaft sei. [1, Bd. 2, S. 623 ff.]

Die Chemiker mußten Position beziehen. Durch mehrere glückliche Umstände befand sich Lavoisier in Paris in einer sehr günstigen wissenschaftspolitischen Lage. Er war sehr jung zum Mitglied der Akademie gewählt worden und war damals der Jüngste. Inzwischen waren die Alten verstorben, so daß er mit 40 Jahren, als er seinen Kampf gegen das Phlogiston begann, schon Rangältester der chemischen Sektion war. Dies bedeutete Einfluß.

Klarheit und Logik seiner Ansichten brachten die Naturwissenschaftler, die nicht Chemiker waren, rasch auf seine Seite. Unter den Chemikern fiel die Hauptrolle Antoine François Fourcroy, Claude Louis Berthollet und Louis Bernard Guyton de Morveau zu. Diese drei mit Lavoisier ziemlich gleichaltrigen Chemiker waren seine Hauptgefährten. Die erste gemeinsame Tat dieser Chemikergruppe war die Schaffung einer neuen chemischen Nomenklatur. Diese erschien im Jahr 1787. Sie machte ein Buch von 314 Seiten aus. [17] Als Grundlage dienten die Oxide der einzelnen Elemente. Im wesentlichen benutzen wir diese Nomenklatur in der Chemie bis heute. Sie wurde für die lateinische und französische Sprache ausgearbeitet und prinzipiell von den anderen Sprachen übernommen, wobei je nach den Eigenheiten der betreffenden Sprache und dem sprachlichen Konservatismus besser oder schlechter gelungene Nomenklaturen daraus entstanden. Diese Nomenklaturreform lieferte jedenfalls ein geschlossenes, eindeutiges System, mit dessen Hilfe die Vorgänge klar und deutlich beschrieben werden konnten.
Trotzdem war es nicht einfach, die neuen Ansichten durchzuzetzen. De La Métherie, Redakteur der „Observations sur la Physique", war z. B. ein zopfiger Phlogistiker, der auch persönlich Lavoisier nicht mochte. Die wichtigste Monatszeitschrift Frankreichs verhielt sich gegenüber der antiphlogistischen Chemie feindlich.
Lavoisiers Gruppe beschloß deshalb die Gründung einer neuen Zeitschrift. 1789 konnte die erste Nummer der „Annales de Chimie" erscheinen. Die Redaktion bestand aus Guyton de Morveau, Monge, Lavoisier, Berthollet, Hassenfratz und Adet. Letzterer war der Sekretär, Lavoisier der Schatzmeister, welches Amt praktisch die Finanzierung der Zeitschrift bedeutete. Die „Annales" erschienen bis zur Verhaftung Lavoisiers im Jahre 1793, dann stellten sie ihr Erscheinen wegen Geldmangels ein. Im Jahr 1797 wurde die Veröffentlichung wieder aufgenommen, und seither erscheint die Zeitschrift regelmäßig bis heute.
Im Jahr 1784 wurde Lavoisier zum Direktor der Akademie der Wissenschaften gewählt. Der Direktor war der eigentliche Leiter der Institution, da der von einem Aristokraten besetzte Präsidentensitz nur eine repräsentative Bedeutung hatte. Als Direktor hatte er Zutritt zum Hof in Versailles. Es war z. B. Aufgabe des

Direktors, neue Mitglieder der Akademie dem König vorzustellen.
Wenn in Frankreich zu dieser Zeit die neue Chemie schon eine gewisse Zahl von Anhängern aufweisen konnte, so herrschte im Ausland noch ohne Konkurrenz die Phlogistontheorie. Die neue Chemie gelangte mit der Zeit aber auch dorthin. Man mußte sich damit beschäftigen und dafür oder dagegen Stellung nehmen. Im Jahr 1787 veröffentlichte Kirwan ein Buch über die Phlogistontheorie. Kirwan, der ebenfalls nur Chemiker aus Passion war, schrieb sein Buch schon als Streitschrift. Er bezweckte damit, die Phlogistontheorie gegen die neue „antiphlogistische" Chemie wissenschaftlich zu verteidigen. [18] In diesem Buch schuf Kirwan die Benennung „antiphlogistische Chemie" für Lavoisiers Ansichten, unter welchem Namen sie dann lange fortlebten, selbst dann noch, als man schon vergessen hatte, was überhaupt die phlogistische Chemie war. Die Anhänger Lavoisiers unter den französischen Chemikern beschlossen, die Argumente Kirwans zu widerlegen. Hierzu wählten sie einen sonderbaren, aber eindrucksvollen Weg. Sie ließen Kirwans Buch ins Französische übersetzen und ergänzten jedes Kapitel durch einen Anhang, in dem sie Punkt für Punkt die Argumente Kirwans widerlegten. Die Übersetzung übernahm Mme Lavoisier. Die von Lavoisier, Laplace, Berthollet, Guyton de Morveau und Fourcroy verfaßten Zusätze wurden in sehr höflichem Ton gehalten, die Polemik nur mit wissenschaftlichen Argumenten geführt. So nebeneinandergestellt zeigten sich die Vorteile der antiphlogistischen Chemie gegenüber der phlogistischen sehr klar. Die erwartete große Wirkung blieb trotzdem aus. Wenn vielleicht auch mancher Zweifel aufkam, so blieben noch im Ausland mindestens alle Chemiker von Namen einstweilen Phlogistiker und äußerten sich gegen die neue Chemie.
Im Jahr 1789 erschien das Hauptwerk Lavoisiers unter dem Titel „Traité élémentaire de chimie". Der „Traité" besteht aus drei Teilen. In dem ersten Kapitel sind die Zusammemsetzung von Luft und Wasser, Benennung und Eigenschaften ihrer Komponenten, das Brennen der Nichtmetalle, die Entstehung der Säuren, die Metalloxide, ihre Benennungen beschrieben. Dann folgt ein Kapitel über die Wärme. Dieses Kapitel ist falsch, deshalb auch viel unklarer und undeutlicher als die anderen. Im folgen-

den Kapitel behandelt Lavoisier die Frage der beim Verbrennen entstehenden Wärmemenge, die Kalorimetrie. Dann geht er auf die Beschreibung der Verbindungen der brennbaren Stoffe – so nennt er die Nichtmetalle – untereinander über. Höhere Oxide und Säuren, so die in den Pflanzen vorkommenden Säuren, werden auf den nächsten Seiten erörtert. Bei der Behandlung der Gärung formulierte er seine Definition des Prinzips der Erhaltung der Materie, worüber schon gesprochen wurde, zur Unterstützung seiner Behauptung:

Most = Alkohol + Kohlendioxid.

Der von Lavoisier in der obigen Gleichungsform aufgeschriebene Satz kann gewissermaßen als Reaktionsgleichung betrachtet werden. Durch das Zeichen der Gleichheit wollte Lavoisier wahrscheinlich betonen, daß dieses Prinzip mit mathematischer Exaktheit für die chemischen Vorgänge gültig ist. Es folgt die Salzbildung und die Beschreibung der einzelnen Säuren und Basen, weiterhin der Erden (Erdalkalioxide); Lavoisier hielt es für möglich, daß diese ebenfalls Metalloxide sind. Im nächsten Teil werden der Reihe nach die Eigenschaften der einzelnen Verbindungen beschrieben, ihre Vorkommen, Oxydationsgrad und ihre Herstellungsweise. Besonders bemerkenswert ist Lavoisiers Einteilung nach Oxydationsgraden. Das war der erste Schritt in Richtung zum Valenzbegriff, wenn auch die endgültige Klärung dieses Problems noch beinahe ein Jahrhundert auf sich warten ließ. Dem dritten Teil könnte man den Titel: Chemische Geräte und Operationen geben; Waage und Wägen, spezifisches Gewicht und seine Bestimmung, Methoden zur Volumenbestimmung von Gasen, Kalorimeter. Es folgen die chemischen Operationen. Am Ende des Buches sind in Tabellen die Maßeinheiten, ihre gegenseitige Umrechnung und die Dichten von verschiedenen Stoffen angegeben. Die Maßeinheiten waren damals noch sehr kompliziert. Die Gewichtseinheiten waren z. B. 1 Pfund = 16 Unzen = 48 Drachmen; 1 Drachme = 72 Gran. In den Artikeln Lavoisiers finden wir jedoch eine geniale Vereinfachung, er gebrauchte nämlich eine willkürliche dezimale Einteilung. Er hat die Grane, Unzen und Drachmen in Dezimalbrüchen des Pfunds ausgedrückt und zwar mit einer Genauigkeit von 10 Dezimalen. In dieser Form führte er die zu seinen Untersuchungen nötigen arithmetischen Operationen aus und gab dann nur das Endresul-

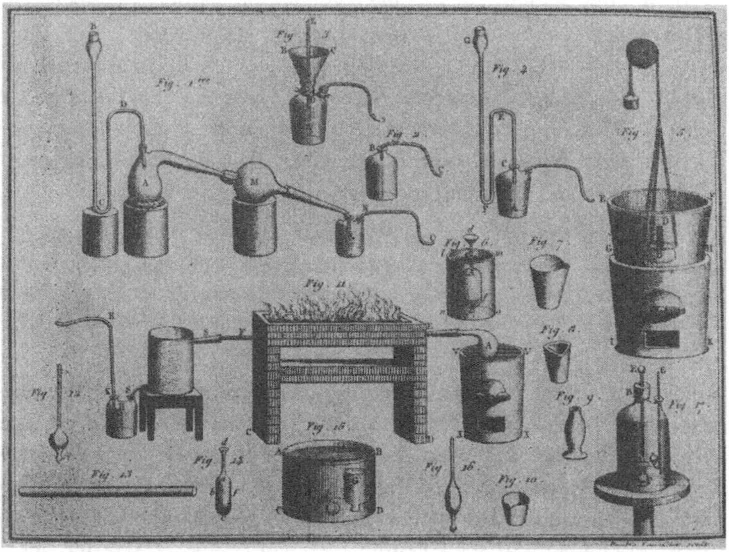

6 Laboratoriumsgeräte nach Lavoisier (Aus Lavoisiers „Traité élémentaire de chimie“)

tat in den konventionellen Einheiten an. Dies war eine großartige Idee, da dadurch das Rechnen sehr vereinfacht wurde. Lavoisier war später an den Vorarbeiten für das dezimale Metersystem beteiligt. Da er zu seinen eigenen Rechnungen das dezimale System schon erheblich früher benutzte, ist es ziemlich wahrscheinlich, daß er die Einführung des amtlichen Dezimalsystems beeinflußt hat.

Das großartig ausgestattete Buch erschien in 2 000 Exemplaren. Es enthält ausgezeichnete, die verschiedenen Geräte und Versuchseinrichtungen darstellende Stiche. Sie wurden von Mme Lavoisier gezeichnet. Die ersten Exemplare des Werkes widmete Lavoisier dem König. Dieser bedankte sich und stellte in Aussicht, zu geeigneter Zeit seinem Laboratorium einen höchsten Besuch abzustatten, um dort einige Experimente persönlich anzusehen. Doch nach einigen Monaten war seine Majestät schon mit ganz anderen, viel wichtigeren Dingen beschäftigt. Dasselbe war auch bei Lavoisier der Fall. Die eingetretenen Ereignisse beeinflußten die persönlichen Angelegenheiten beider in höchstem Maß.

Mit der Zeit setzten sich Lavoisiers Ansichten auch im Ausland durch. Joseph Black war der erste der Großen, der übertrat. Er teilte 1790 Lavoisier in einem Brief mit, daß er die Phlogistontheorie aufgäbe. 1791 kapitulierte das Haupt des Phlogiston-Lagers, Kirwan. Er schrieb an Berthollet:

Ich strecke die Waffen und gebe das Phlogiston auf. Ich muß einsehen, daß sich durch keinen einzigen Versuch die Existenz des Phlogistons in den Metallen, in Schwefel und anderswo beweisen läßt. Wider Fakten kann man kein System halten. Ich selbst werde ankündigen, daß ich mein Buch verwerfe! [19, Bd. 3, S. 560]

Diese Nachricht machte Lavoisier weniger Freude. Eher bereitete sie ihm Ärger. Denn warum adressierte Kirwan seinen Brief an Berthollet? Man streckt die Waffen vor dem Generalissimus! Wer ist den der Oberfeldherr der neuen Chemie? Wen hält das Ausland dafür? Man sprach im Ausland über die französische oder über Pariser Chemie. Dies gefiel aber Lavoisier überhaupt nicht. Er fand es notwendig, im Jahr 1792 dies nachdrücklich zu betonen:

Diese Theorie ist nicht die Theorie der französischen Chemiker, wie ich sie oft nennen höre, sondern die meine! Ihr Eigentumsrecht fordere ich sowohl vor meinen Zeitgenossen als vor der Nachwelt in ihrer Gänze für mich! [1, Bd. 2, S. 104]

Der Sieg war also mit etwas Bitterkeit vermischt. Es war ein Streich des Schicksals, ihn eben dort zu verletzen, wo er selbst nicht makellos war! Im Jahr 1789 schrieb Lavoisier in einem Brief:

Alle meine Hoffnungen werden durch die Briefe aus allen Teilen Europas übertroffen, welche über neue Proselyten berichten. Nur mehr die alten harren beim Phlogiston aus, die nicht den Mut haben, die Chemie von neuem zu lernen, und die es nicht mehr fertigbringen, das Phlogiston aus ihrem Gehirn auszumerzen. Die Jugend nimmt überall meine Theorie an, woraus ich zu schließen wage, daß die Revolution in der Chemie gesiegt hat und beendet ist.

Die Revolution in der Chemie näherte sich tatsächlich ihrem Ende, als eine andere, größere Revolution eben begann.

Lavoisier und die französische Revolution

Lavoisiers Name ist für uns der des großen Chemikers. Das war aber nicht so für die Menge seiner Zeitgenossen, für das Volk von Paris. Ihnen fielen unangenehme Dinge ein, wenn sie seinen Namen hörten. Der Name Lavoisier hatte einen schlechten Klang. An seiner Unbeliebtheit war in erster Linie seine Tätigkeit in der Ferme schuld, auch z. B. die Mauerangelegenheit. Für diese Affäre machte die öffentliche Meinung Lavoisier in eigener Person verantwortlich. Es wurde schon erwähnt, daß an den Grenzen der Provinzen und der Städte Zölle zu zahlen waren, die der Ferme zustanden. Diesen Zoll versuchte die Bevölkerung sich durch Schmuggel zu ersparen. Besonders großer Schmuggel wurde an den Grenzen von Paris betrieben. Die Ferme kämpfte umsonst dagegen, die große, unübersehbare Stadtgrenze vermochte man nicht zu kontrollieren. 1782 wurde Lavoisier der Leiter der Abteilung für die Pariser Zölle. Er versuchte, das Problem zu lösen, indem er vorschlug, man solle Paris mit einer Mauer umgeben. Vom 16. Jahrhundert an war Paris eine offene Stadt ohne Mauern, und daran hatte man sich auch gewöhnt. Lavoisiers Vorschlag machte seinen langen Weg durch die Ämter der staatlichen Bürokratie. 1787 ordnete Minister Calonne den Bau der Mauer an. Häuser, Weingärten usw. wurden enteignet, und in sehr kurzer Zeit war die Mauer errichtet, nicht ein Festungswall wie früher, sondern nur eine leichte verzierte Mauer, eigentlich nur ein Zaun besserer Art, nicht gegen feindliche Heere, nur gegen Schmuggler erbaut. Die Mauer wurde als ein neues Zeichen der Unterdrückung angesehen. Ohne Rücksicht auf die gesellschaftliche Stellung war man über die Mauer empört. Ein Text lautete z. B.:

Jeder weiß, daß Lavoisier, Mitglied der Akademie, jener feurige Patriot war, dem die großartige glänzende Idee zu verdanken ist, die Hauptstadt Frankreichs in ein Gefängnis zu verwandeln. Wir hoffen, wenn dieser hervorragende Mann einmal gestorben ist, wird sein mit der Trauerrede beauftragter Kollege diese großartige Tat zu würdigen nicht unterlassen. Wahrlich, dieser Herr verdiente es, daß ihm die Ferme ein Denkmal auf ihrer Mauer errichte! . . .

Viele Schreckensnachrichten zirkulierten über die Wirkungen der Mauer. Ironie des Schicksals, daß sie auf Lavoisiers Lehre beruhten. Durch die Mauer wurde die Atmungslehre Lavoisiers erst richtig bekannt. Man sagte nämlich, die Mauer werde der Stadt die Sauerstoffzufuhr absperren, die ausgeatmete erstickende Luft werde sich deshalb innerhalb der Mauer ansammeln, am Ende werde man nichts zum Atmen haben und die Menschen müßten Lavoisiers wegen ersticken.
Eine Kleinigkeit müssen wir noch erwähnen, eine Kleinigkeit, die einen unbedeutenden Mann zum glühenden Feind der Akademie, besonders Lavoisiers, machte. Jahrelang trug er diesen Stachel in sich, bis seine Zeit gekommen schien. Im Jahr 1780 ließ ein junger Arzt eine wissenschaftliche Arbeit unter dem Titel „Physikalische Untersuchungen über das Feuer“ erscheinen. Manche sonderbare Ansicht konnte man darin finden. Er behauptete z. B., eine brennende Kerze erlösche deshalb im geschlossenen Raum, weil die Luft durch die Flamme ausgedehnt werde. Sobald sie sich infolge der Gefäßwand nicht mehr weiter auszubreiten vermöge, würde sie zusammengepreßt, und dieser Druck ersticke die Flamme. Der Verfasser sandte, wie damals üblich, sein Werk der Akademie, um es besprechen zu lassen. Dem Ausschuß, der dies zu tun hatte, gehörte auch Lavoisier an. Der Ausschuß übte starke Kritik an dem Buch. Eine Zeitung pries es trotzdem mit der Behauptung, es habe die volle Anerkennung der Akademie erhalten. Lavoisier sah sich genötigt, eine Nachricht zu veröffentlichen; der Ausschuß, dem er auch angehöre, habe das Buch gänzlich verworfen. Der Autor des Buches, der junge Arzt, hieß Marat [20]. Zehn Jahre später, als eindrucksvollster Publizist der Revolution, wird er seine gefährliche Feder sehr gern und oft gegen die Akademie, besonders aber gegen Lavoisier, richten.

Die erste Periode 1789–1792

Die innenpolitische Lage des Landes schritt 1789 rasch der Krise entgegen. Alle Schichten der Bevölkerung waren unzufrieden. Die junge, ökonomisch starke Bourgeoisie war ein mächtiger Faktor geworden und forderte mit Nachdruck den politischen Einfluß, der ihrer Position entsprach. Man forderte die Beseitigung der feudalen Privilegien, die Beschränkung der königlichen Macht, Schutz gegen königliche Willkür, Freiheit des Handels, Abwendung vom Merkantilismus. Die gesamte Strömung der Aufklärung hatte im Kampf gegen Feudalmacht und Kirche zur ideologischen Auseinandersetzung beigetragen, indem sie half, das bürgerliche Weltbild zu formulieren. Zu gleicher Zeit war die Regierung unschlüssig und zaudernd. Die Reformpläne nach der Thronbesteigung kamen nicht zur Ausführung, die zu Reformen neigenden Minister wurden durch die Reaktion gestürzt. Von da an hatte man überhaupt keine politische Konzeption mehr. Die finanzielle Krise machte es endlich unmöglich, die Dinge auf die übliche Weise weiterzuführen, wodurch es zum Ausbruch der seit langem verborgenen politischen Krise kam. Der amerikanische Krieg, die unerhörten Verschwendungen belasteten die Staatskasse bis zum äußersten. Man sah keinen anderen Ausweg als die Besteuerung der adeligen Güter. Man ließ die Landesversammlungen der einzelnen Provinzen zusammenrufen in der Hoffnung, man könne eine nach der anderen darüber abstimmen lassen.

Die Versammlung der Provinz Orléans wurde für den 23. Juni 1787 zusammengerufen. Lavoisier, dessen Güter in dieser Provinz lagen, erhielt die Ernennung als Abgeordneter des Dritten Standes. Lavoisier betätigte sich in seiner gewohnten Aktivität. Seine Referate und Anträge zeigen den fortschrittlichen, aufgeklärten, reformsuchenden, doch auch den stets nach seinen finanziellen Interessen handelnden Großbürger. Seine Vorträge waren sorgfältig verfaßte präzise Studien gleich seinen akademischen Vorträgen. Aber Sitzungen der Akademie der Wissenschaften und die einer politischen Versammlung sind nicht das Gleiche. Lavoisier, der Meister des wissenschaftlichen Vortrags, erwies sich als wirkungsloser und langweiliger Redner in der Politik. In seinen Vorträgen finden sich zahlreiche nützliche Gedanken. Einen Vortrag hielt er über die Notwendigkeit der Verbesserung der landwirtschaftlichen Produktionsmethoden. Ein anderes Mal befaßte er sich mit dem traurigen Schicksal der Waisenkinder, die von der Stadt Paris in Fürsorge aufs Land gegeben worden waren. Bei einer anderen Gelegenheit schlug er die Gründung

einer Versicherungskasse vor. Jeder, der Jahre hindurch regelmäßig einzahlte, sollte gemäß der eingezahlten Summe eine Altersrente erhalten.
Im Februar 1788 schloß der Landtag von Orléans seine erste Sitzungsperiode, ohne irgendwelche nennenswerten Beschlüsse zustande gebracht zu haben. Um die Finanzkrise im Lande zu beheben, wurden die Generalstände, die seit 1641 nicht mehr zusammengetreten waren, für den 5. Mai 1789 einberufen. Die Wahlen zu dieser Ständevertretung waren von einem großen politischen Aufschwung und einer immer stärker werdenden Massenbewegung gegen das absolutistische Regime begleitet.
Die Wahl fand nach Gerichtskreisen und Ständen statt. Lavoisier wäre auch gern Abgeordneter geworden. Im Frühjahr 1789 reiste er nach Blois, wo er aufgrund seines Gutes im Rahmen des Adelstands Stimmrecht besaß. Er wurde jedoch nur Ersatzabgeordneter.
Während der Wochen, die vom Zusammentreten des Ständetages bis zum Sturm auf die Bastille am 14. Juli vergingen, war Lavoisier in erster Linie durch Angelegenheiten der Bank und der Pulververwaltung in Anspruch genommen. Anfang Juli zeigten sich schon die Vorzeichen des Kommenden. Die vom Kriegs-

7 Sitzung der Assemblée Nationale vom 4. zum 5. August 1789

ministerium an die Pulververwaltung gerichteten Instruktionen ließen das erkennen. Man zog bedeutende Truppenverstärkungen um Paris zusammen. Der militärische Aufmarsch beunruhigte auch die Bevölkerung der Stadt. Vom 12. Juli an stand die Stadt in ziemlich offenem Aufruhr. Im Pariser Rathaus hatte sich ein revolutionärer Gemeinderat gebildet, der beschloß, eine bewaffnete Bürgerwehr aufzustellen. Am selben Tag erhielt die Pulverwaltung die Order, alle Pulvervorräte aus Paris abzutransportieren. Man ließ ein Schleppboot auf der Seine neben das Arsenal ziehen, womit das Pulver weggeschafft werden sollte. Militärischer Schutz der Beladung war zugesagt, aber man wartete umsonst auf die Soldaten. Hingegen kamen aus der Stadt unkontrollierbare Meldungen über angeblich bewaffnete Zusammenstöße zwischen Bevölkerung und Militär. Am 13. Juli begannen die Direktoren Clouet und Lavoisier, das restliche Pulver auch ohne militärischen Schutz auf den Schleppkahn laden zu lassen. Einige Bürger eilten zum Rathaus und meldeten, was geschehe. Sofort waren Beauftragte des Gemeinderats dort und beschlagnahmten im Namen des Volkes das Pulver. Sie untersagten den Direktoren, ohne Erlaubnis der Bürgerwehr Pulver irgendwohin zu transportieren. Dann kamen Leute der Bürgerwehr und brachten einen Teil des Pulvers in das Rathaus. Kaum waren sie weggegangen, meldete sich ein Offizier aus der Bastille und teilte eine Verordnung des Gouverneurs mit, wonach niemandem Pulver ohne seine Erlaubnis ausgegeben werden dürfe. Gewiß war dieser Tag nicht leicht für die Direktoren. Am 14. Juli kam es zur Erstürmung der Bastille.

Es ist nicht bekannt, was Lavoisier an diesem weltgeschichtlich bedeutenden Tag tat, als die Revolution siegte. Es beruhigte ihn sicherlich, daß sein Freund, der Mathematiker Bailly, zum Bürgermeister von Paris gewählt wurde.

Am 20. Juli stattete Lavoisier als Direktor der Wechselbank an der Spitze einer Delegation der Konstituierenden Nationalversammlung in Versailles seinen Besuch ab. Diese gab ihrer Anerkennung Ausdruck für das patriotische Verhalten der Leitung der Bank, da sie während der ereignisreichen Tage die Auszahlungen nicht eingestellt hatte.

Am Morgen des 5. August ergab sich für Lavoisier eine gefährliche Situation. Die Pulververwaltung hatte nämlich Lieferpflichten nach dem Ausland und nach den Kolonien. Zum Transport war die Genehmigung des Kommandanten der Nationalgarde notwendig. Lavoisier ging also ins Rathaus, um die Genehmigung einzuholen. Der dafür zuständige Lafayette war gerade in Versailles, sein Stellvertreter stellte ohne weiteres die Genehmigung aus. Man zog einen Schleppkahn zum Arsenal, und die Arbeiter gingen daran, die Pulverfässer auf das Schiff zu rollen. Doch fehlte es den Pariser Citoyens nicht an revolutionärer Wachsamkeit. Man meldete sofort, es werde Pulver auf ein Schiff verladen. Man ordnete an, es solle das Beladen eingestellt werden. Lavoisier zeigte vergeblich seine Genehmigung. Morgens verließ Lavoisier das Arsenal, um die Angelegenheit zu klären. Währenddessen sammelte sich eine wachsende erregte Menge vor dem Gebäude und rief ständig: „Verrat! Die Direktoren wollen das Volk um sein Pulver bringen! Man will das Pulver hinausschmuggeln!" Lavoisier wollte die Menge beruhigen, aber man ließ ihn nicht einmal reden, er wurde sofort ergriffen. „Zum Rathaus! Führen wir ihn zum Rathaus! Er soll zur Verantwortung gezogen werden!" Und schon schleppte man ihn davon. Es war eine beunruhigende Situation. Vor einigen Tagen hatte eine aufgebrachte Menge auf gleiche Weise Barthier, den Intendanten von Paris, zum Rathaus abgeführt. Unterwegs besann man sich eines andern und hängte ihn an eine Laterne. Zum Glück kam es jetzt nicht soweit. Lavoisier erreichte unversehrt das Rathaus, wo er durch den Ausschuß des Gemeinderats verhört wurde. Vor dem Gebäude schrie die Menge weiter, man forderte seinen Kopf. Unterdessen traf Lafayette ein und versuchte die Menge zu beruhigen; als ihm das nicht gelang, ließ er den Platz durch die Nationalgarde räumen. Spät am Abend kehrten Bailly und seine Frau von Versailles in ihre Wohnung zurück, wo sie eine Nachricht von Mme Lavoisier erwartete. Bailly ging sofort ins Rathaus, setzte Lavoisier in Freiheit und bot ihm militärischen Schutz an, damit er unversehrt heimgelangen könne. Mme Lavoisier riet aber ihrem Gemahl, einstweilen nicht ins Arsenal zurückzukehren, er verbrachte deshalb einige Nächte bei einem Freund in der Stadt.

Den Sommer dieses Jahres verbrachte das Ehepaar Lavoisier nicht wie üblich auf dem Land, sondern in Paris. In der Provinz gab es noch größere Aufruhr als in Paris. Es wurde als patrie-

tische Pflicht angesehen, der Bürgerwehr beizutreten, also tat dies auch Lavoisier. Das gesellschaftliche Leben nahm seinen Fortgang. Wie jedes Jahr wurde im August die jährliche Kunstausstellung eröffnet. Sie bot Lavoisier eine weitere Gelegenheit zu erfahren, wie unpopulär er war. Es fand nämlich eine Kundgebung statt, wobei Demonstranten forderten, die ausgestellten Porträts der Leute zu entfernen, die zu den Feinden des Volkes gezählt wurden. Das schon besprochene Bild des Ehepaars Lavoisier von Louis David gehörte hierzu. Der Forderung gab die Direktion der Ausstellung nach, und das Bild wurde entfernt.
Eine um so angenehmere Überraschung war es für Lavoisier, als er im September von den Bürgern des reichen Bezirks St. Katherine in den Gemeinderat gewählt wurde. Lavoisier, ein leidenschaftlicher Arbeiter, wandte sich mit großer Aktivität den neuen Aufgaben zu. Auch mußte er sich weiter mit den Angelegenheiten der Ferme befassen, und die Pulververwaltung machte mehr Arbeit als je. So ist es nicht verwunderlich, daß in seiner wissenschaftlichen Tätigkeit eine Pause eintrat. Lavoisier gehörte dem Ausschuß an, der die Abrechnungen der Stadtverwaltung zu kontrollieren hatte. Er verfaßte einen Bericht, in dem er auf die schlechte finanzielle Lage der Stadt hinwies. Er übte auch heftige Kritik an den Bäckern und beschuldigte sie, mit Brot und Mehl zu spekulieren.
Die Versorgung wurde immer schwieriger, die Preise stiegen. Eine neue kritische Situation trat am 5. Oktober 1789 ein. Die Frauen von Paris zogen gegen die Teuerungen protestierend nach Versailles. Wie bekannt, kamen am folgenden Tag die königliche Familie und die Nationalversammlung nach Paris. Es folgte eine stillere Periode der Revolution. Die Macht lag in den Händen von Mirabeau, Bailly, Lafayette und anderen, die alle Anhänger der parlamentarischen Monarchie waren. „Aus Gottes Gnaden König von Frankreich“ wurde zu „Aus Gottes Gnaden und der Verfassung des Staates König der Franzosen“. Über die Einnahmen und Ausgaben entschied die Nationalversammlung. An Stelle der alten Provinzen wurden 83 Departements gebildet. Frankreich begann, deutlich in Richtung der parlamentarischen Monarchie voranzuschreiten, die das Ideal der Physiokraten darstellte. Nur gelang es nicht, der finanziellen Schwierigkeiten Herr zu werden. Eine Anleihe nach der anderen wurde von der Wechselbank auf-

genommen. Endlich verfügte die Bank nicht mehr über die nötige Deckung der von ihr in Umlauf gebrachten Banknoten. Am 21. November trat Lavoisier vor die Nationalversammlung und berichtete dort im Auftrag der Direktion über die Lage. Zur Vermeidung der drohenden Finanzkrise wurde der Vorschlag der Enteignung und des Verkaufs des kirchlichen Eigentums gemacht. Man entschloß sich, im Werte des erwarteten Kaufpreises Kassenscheine herauszubringen, die wieder eingezogen werden sollten, sowie der Kaufpreis einginge. Mit diesen Assignaten bezahlte der Staat seine Schulden der Wechselbank.

Die Ferme funktionierte trotz vieler Angriffe weiter. Lavoisier und wahrscheinlich auch die anderen Steuerpächter rechneten damit, daß sich unter den veränderten Verhältnissen auch die Tätigkeit der Ferme werde ändern müssen; sie meinten aber offensichtlich, daß sie in irgendeiner Form weiter existieren werde. Dafür spricht, daß, während immer mehr Aristokraten emigrierten, keiner der Fermiers weder damals noch später seine Heimat verließ. Einstweilen erfolgte jedoch überhaupt keine Änderung in der Tätigkeit der Ferme, offenbar wagte man nicht, sie anzurühren, da diese gut organisierte Gesellschaft der Staatskasse noch Einnahmen brachte.

Zunehmenden Einfluß auf die Formung der öffentlichen Meinung und bei den politischen Machenschaften gewannen die verschiedenen Klubs und Volksvereine, die als außerparlamentarische Institutionen Zentren der revolutionären Umgestaltung waren. Die führende Kraft in diesem Kampf, der sich auch gegen die reichen Besitztümer richtete, waren die in der Gesellschaft der Verfassungsfreunde zusammengeschlossenen Kräfte, die sog. Jakobiner. Sie nannten sich nach ihrem Versammlungsort, dem ehemaligen Kloster des Heiligen Jacobs. Diesem Klub gehörten auch Adlige an, z. B. Lafayette und Graf von Mirabeau. Lavoisier trat einem gemäßigteren Klub, dem „Klub der Freunde der Verfassung", bei und hielt dort zahlreiche Vorträge, meistens über wirtschaftliche Probleme, z. B. über die ständig wachsende Inflation oder über die Notwendigkeit des Einverleibens des bis dahin päpstlichen Avignons in Frankreich. Dies wäre für die Ferme gewiß sehr nützlich gewesen, denn diese Stadt, Ausland im Inland, war ein Paradies der Schmuggler.

Trotz der eifrigen Tätigkeit Lavoisiers haben wir Beweise, daß er damals die Lage und die weitere Entwicklung ziemlich pessimistisch beurteilte. Da ist z. B. ein Brief von ihm an Benjamin Franklin nach Amerika, datiert vom 2. Februar 1790:

... Die französischen Wissenschaftler sind zur Zeit in zwei Gruppen gespalten, die Anhänger der alten und der neuen Chemie. Auf meiner Seite stehen Morveau, Berthollet, Fourcroy, Laplace, Monge und die Physiker im allgemeinen. Die Londoner und die übrigen englischen Wissenschaftler geben allmählich gleichfalls Stahls Theorie auf, auf der man in Deutschland jedoch noch hartnäckig beharrt. Nun, das war die Revolution, die sich seit Ihrer Abreise aus Europa auf einem wichtigen Gebiet der Wissenschaft abgespielt hat. Diese Revolution möchte ich dann für vollständig und beendet betrachten, wenn Sie sich ihr auch anschließen würden. Nachdem ich Sie über die neuesten Ereignisse in der Chemie informierte, glaube ich, noch über unsere politische Revolution sprechen zu müssen. Wir betrachten diese als beendet, abgeschlossen und unwiderruflich. Es gibt zwar noch eine aristokratische Partei bei uns, die sich erfolglos bemüht, die Dinge zurückzudrehen, diese Partei ist aber schwach. Die demokratische Partei ist hingegen stark und besitzt eine große Mehrheit. Zu ihr gehören der gelehrte und aufgeklarte Teil der Nation und die Philosophen. Die gemäßigten Elemente, die ihre Kaltblütigkeit auch im Wirbel der Ereignisse bewahrten, befürchten jedoch heute, daß die Umstände uns zu weit reißen werden, daß es eine unglückliche Idee war, das Volk und alle Bürger zu bewaffnen, daß es nicht klug ist, die Macht in die Hände von denen zu legen, deren Aufgabe es ist, zu gehorchen. Es ist zu befürchten, daß die neue Verfassung selbst bei jenen Unordnung verursachen wird, in deren Interesse sie geschaffen worden ist ... [2, Bd. 2, S. 41]

14. Juli 1790 war der Jahrestag des Sturms auf die Bastille. Vormittags fand auf dem Marsfeld eine große Massenkundgebung statt. Auch Lavoisier war anwesend. Am Abend nahm er an einem großen Festmahl der „Gesellschaft von 1789“ im Palais Royal teil. Es war eine Jubelfeier für Paris. Und während man überall jubelte, schrieb irgendwann an diesem Tag Lavoisier in einem Brief an Joseph Black die folgenden Zeilen, welche die Unruhe in Erwartung seines eigenen Schicksals zeigten:

Die Revolution, die gegenwärtig in Frankreich abläuft, wird aller Wahrscheinlichkeit nach die Dienste derjenigen überflüssig machen, die in irgendeiner Verbindung mit dem alten System standen. Es wird also bald moglich sein, daß mir zuviel Freizeit zur Verfügung stehen wird. Meine erste Sache wird in diesem Fall sein zu reisen, und meine erste Reise wird nach England führen.

Im September 1790 kam es zu neuen Gemeinderatswahlen. Diesmal wurde Lavoisier nicht mehr gewählt.

Die letzten wissenschaftlichen Arbeiten

Für die Akademie der Wissenschaften wurde es ständig schwerer, ihre normalen Pflichten zu versehen. Der Staat vermochte es in seinen bedrängten finanziellen Verhältnissen nur sehr unregelmäßig, Gelder flüssig zu machen. Die Mitglieder der Akademie bekamen häufig nicht ihre Honorare. Daneben wird die Akademie oft Zielscheibe von Presseangriffen. Man betrachtete die Akademie in erster Linie wegen der zahlreichen aristokratischen Honorarmitglieder als Anhängsel des Feudalismus. Trotz dieser Ereignisse und der eigenen Sorgen fand Lavoisier Zeit zur wissenschaftlichen Forschung. Er untersuchte mit Séguin die Atmung. Über die Ergebnisse seiner Versuche berichtete er der Akademie zweimal. Ausgehend von der früheren Feststellung, das Atmen beruhe auf Verbrennung von Kohlenstoff und eventuell von Wasserstoff im Körper, versuchten die beiden Forscher zu klären, was in dem Vorgang die Lebenserhaltung sichere.

Die Gase enthalten Wärme. Der Wärmegehalt des Sauerstoffs ist größer als der des Kohlendioxids. Wenn also Kohlenstoff mit Sauerstoff unter Bildung von Kohlendioxid verbrenne, so werde bei diesem Vorgang Wärme abgegeben. Diese Wärme sichere die konstante Temperatur der tierischen Körper. In eine durch Wasser abgesperrte, mit Saurstoff gefüllte Glocke setzte Lavoisier ein Meerschweinchen. Auf der Oberfläche des Wassers schwamm in kleinen Schachteln Alkali zur Bindung des durch die Atmung der Tiere erzeugten Kohlendioxids. Auf diese Weise wurde bestimmt, wieviel Sauerstoff das Tier im Ruhezustand verbrauchte. Es fand sich, daß im Gegensatz zur gewöhnlichen Verbrennung die Geschwindigkeit des Atmens nicht davon abhängt, ob reiner Sauerstoff oder mit Stickstoff vermischter Sauerstoff vorhanden sind. Auch andere nicht giftige Gase, wie z. B. Wasserstoff, können neben dem Sauerstoff anwesend sein, ohne die Atmung zu beeinflussen. Bei Bewegung nimmt jedoch der Sauerstoffverbrauch zu. Später maßen Lavoisier und Séguin auch den Sauerstoffverbrauch des Menschen. Séguin diente als Modell. Sie fanden, der Sauerstoffverbrauch beim Atmen erhöhe sich bei Einwirkung von Bewegung, d. h. Arbeit, und auch von Kälte, die Körpertemperatur bleibe jedoch stets konstant. Der Sauerstoffverbrauch sei also eigentlich ein Maß der Arbeit. Sie stellten weiterhin fest, daß nicht nur körperliche, sondern auch geistige Arbeit den Sauerstoffverbrauch erhöhe. Ebenso nehme der Sauerstoffverbrauch während der Verdauung zu. Mit dem Sauerstoffverbrauch parallel steige natürlich auch der Kohlenstoffverbrauch. Der Kohlenstoffnachschub werde durch die Nahrung gesichert.

Bei diesem Vortrag fand Lavoisier Gelegenheit – ein Zeichen der Zeit –, mit einer sozialen Bemerkung zu schließen.

Warum ist es denn so, daß der Reiche mehrmals und reichlich speist, mehr als sein Sauerstoffverbrauch fordert, während für den Armen nur wenig abfällt, weniger sogar, als er infolge seiner schweren Arbeit nötig hätte. Nicht die Natur, die Gesellschaft trägt die Schuld an diesem Umstand! Gelobt seien die Menschlichkeit und die aufgeklärte Philosophie, die sich bemühen, Gleichheit zu schaffen, den Lohn der Arbeit zu erhöhen, Gerechtigkeit für jede gesellschaftliche Klasse zu sichern, besonders aber den unteren Volksklassen zu mehr Freude und zu mehr Glück zu verhelfen als bisher. Wir hoffen, daß die menschlichen Leidenschaften, die so schnell die Volksmassen, oft gegen ihre Interessen, mit sich reißen, diese vielversprechenden Bestrebungen nicht zerstören, die schönen Erwartungen des Vaterlandes nicht zugrunde richten werden! [1, Bd. 2, S. 688 ff.]

In dem zweiten Vortrag berichtete Lavoisier über Versuche, in welchen er die Menge der Respiration und der Transpiration, d. h. der Atmung durch die Lunge und durch die Poren, separat

8 Antoine Laurent Lavoisier während der Revolution

zu bestimmen versuchte. Dies war der letzte Vortrag von Lavoisier vor der Akademie. [1, Bd. 2, S. 705 ff.]
In jener Zeit wurde mit einer sehr bedeutenden wissenschaftlichen Arbeit begonnen, die aber die Möglichkeiten einer Person überstieg und eine eigens zu diesem Zweck aufgestellte wissenschaftliche Organisation erforderte, der auch Lavoisier angehörte. Es war die 1790 gegründete Kommission zur Regulierung des Maß- und Gewichtssystems. Ziel dieser Arbeit war die Schaffung eines einheitlichen und einfachen Maßsystems. Die Akademie bereitete ein Programm vor, demzufolge das neue Maßsystem auf dem Dezimalsystem beruhen solle, der zehnmillionste Teil der Länge eines Viertels des Äquators solle die neue Einheit darstellen. Um genaue Daten zu erhalten, müsse ein genügend langer Bogen des Meridians gemessen werden, und zwar von Dünkirchen nach Barcelona. Die Arbeit benötigte sechs Kommissionen.
Am 30. März 1791 genehmigte die Nationalversammlung den Vorschlag. Die einzelnen Kommissionen wurden gegründet. Die Kommission, die die Dichte des Wassers zu bestimmen hatte, bestand aus Lavoisier und Haüy. Lavoisier wurde gleichzeitig zum Sekretär und Schatzmeister des ganzen Programms gewählt. Er hatte die Arbeit der einzelnen Kommissionen zu koordinieren. Der König empfing am 19. Juni 1791 die Mitglieder der Kommissionen. Er diskutierte einzeln mit ihnen über die ihnen obliegenden Aufgaben. Der Monarch war heiter und ruhig, niemand hätte geglaubt, daß er am nächsten Morgen mit seiner Familie aus Paris fliehen würde und daß hierzu schon alles vorbereitet war.
Seit dem Sommer 1791 zeigte sich immer mehr eine Differenzierung innerhalb des dritten Standes. Die Anhänger einer konstitutionellen Monarchie lösten sich von den revolutionären Kräften, traten aus der Gesellschaft der Verfassungsfreunde, dem Jakobinerklub, aus und gründeten einen eigenen Klub. Lavoisier gehörte keinem Klub mehr an. An die Spitze der sich für die Weiterführung der Revolution einsetzenden Jakobiner trat der Rechtsanwalt Maximilien de Robespierre. Auch der volksverbundene Klub der Cordeliers, dem Georges-Jacques Danton angehörte, gewann an Einfluß. Einer der konsequentesten Vertreter der Revolution war Jean Paul Marat. Durch das von ihm herausgegebene Kampfblatt wurde er zum Sprecher der revolutionären bürgerlichen Demokratie. Marat publizierte in seinem Blatt

„L'ami du peuple" einen heftigen Angriff gegen Lavoisier. Dort schrieb er u. a.:

Ich entlarve die Koryphäe der Scharlatane, diesen Chemikerlehrling, den Schüler des Genfer Schiebers, den Hauptzollpächter und Chef der Pulververwaltung, den Bankdirektor, königlichen Rat und das Mitglied der Akademie. Würdet ihr glauben, daß dieses Herrchen, das 40 000 Livres Einkommen besitzt und hierzu noch das unvergeßliche Verdienst, Paris mit einer Wand umgeben und so die freie Zirkulation der Luft verhindert zu haben, welches Verdienst allein die Bevölkerung 33 Millionen kostete, und außerdem noch das weitere Verdienst, die Bastille in der Nacht vom 12. auf den 13. Juli mit Pulver versehen zu haben – würdet ihr denn glauben, wieviel Tausende von Ränken dieses Herrchen schmiedete, um zum Administrator von Paris gewählt zu werden? Wie schade, daß man ihn in der Nacht des 6. August nicht an die Laterne gehängt hat!

Im März 1791 wurde die Ferme Générale aufgelöst. Die Auflösung erfolgte nicht brutal. Der Staat kündigte nämlich den Pachtvertrag. Die Fermiers sollten ihre Abrechnungen einreichen. Lavoisier hoffte, Mitglied des staatlichen Zollausschusses zu werden, der die Zollverwaltung übernahm. Als dies nicht geschah, wäre er mit einem Amt in der Pariser Zolladministration zufrieden gewesen, doch seine Bitte wurde abgewiesen.

Im Sommer desselben Jahres wurde auch die Pulververwaltung neu organisiert und die Zahl der Direktoren auf drei vermindert, Lavoisier wurde seines Postens enthoben. Dies traf ihn hart, einerseits, da ihm ein schönes und unter den eingetretenen Umständen auch sehr nötiges Gehalt verlorenging, andererseits, weil seine Wohnung Dienstwohnung der Pulververwaltung war. Das Heim im Arsenal und das Laboratorium, Schauplatz seines Ruhmes, waren dem Ehepaar Lavoisier sehr ans Herz gewachsen. Lavoisier schrieb einen empörten Brief an den Finanzminister und erinnerte ihn, er habe ihm bei seinem Eintritt in die Schatzkommission versprochen, daß er seine Stellung bei der Pulververwaltung behalten dürfe. Die Übergabe seiner Wohnung sei aber besonders unangenehm für ihn, da er sich dort zum Zwecke seiner wissenschaftlichen Forschung auf eigene Kosten ein sehr teures Laboratorium eingerichtet habe. Dieses Schreiben hatte Erfolg, man gestattete ihm, diese Wohnung weiter zu bewohnen.

Im Herbst 1791 wurde Lavoisier einstimmig zum Schatzmeister der Akademie gewählt. Wahrscheinlich spielten seine Erfahrungen bei finanziellen Angelegenheiten eine Rolle, in die die oft not-

leidenden Kollegen all ihr Vertrauen setzten. Lavoisier nahm sein Honorar als Schatzmeister nicht an, er schlug vor, man solle davon die Schreiber bezahlen, er selbst könne leichter auf das Geld warten. Oft streckte er die Gehälter aus seinem eigenen Vermögen vor und leistete notleidenden Kollegen finanzielle Hilfe.
Die Nationalversammlung beschloß in diesem Jahr die Errichtung eines Amtes für wissenschaftliche und technische Probleme, das die Aufgabe hatte, der Regierung in solchen Fragen mit Ratschlägen zu dienen und die Überprüfung von nützlichen Erfindungen zu fördern. Das neue Organ übernahm gewisse Funktionen der Akademie. Zu seinen Mitgliedern wurden zahlreiche Mitglieder der Akademie, aber auch andere Wissenschaftler, ernannt. Lavoisier wurde Mitglied des Ausschusses für Chemie. Das erste Problem, das ihm vorgelegt wurde, war ein zweckentsprechendes Papier für die Assignaten zu finden. Dem Chemiker Lavoisier gelang es, ein strapazierfähigeres Papier vorzuschlagen. Durch das bessere Papier stieg der Wert der Assignaten allerdings nicht.

Der Prozeß der Fermiers

Am 20. April 1792 brach der Krieg aus. Die inzwischen an die Regierung gelangten Girondisten befürworteten den Krieg und erhielten eine unerwartete Unterstützung vom König Ludwig XVI. Dieser hoffte wahrscheinlich, daß sich während des Krieges eine günstige Gelegenheit zur Rückgewinnung seiner Machtstellung ergeben werde.
Die Ereignisse schienen anfänglich die Spekulation des Königs zu bestätigen. Die alte reguläre Armee zog sich, anstatt anzugreifen, fortwährend zurück. Der König, der infolge der ungünstigen Kriegslage allmählich seine Angst vor den Girondisten verloren hatte, versuchte einen Staatsstreich. Er wollte die Regierung absetzen. In diesem Sinn führte er geheime Verhandlungen mit verschiedenen Persönlichkeiten, unter ihnen auch mit Lavoisier, dem er das Portefeuille der Finanzen anbot. Wir besitzen den ablehnenden Antwortbrief Lavoisiers vom 15. Juni 1792:

Majestät,
Weder kleingläubige Besorgnis, die meinem Charakter fernliegt, noch Gleichgültigkeit gegen die öffentlichen Angelegenheiten, nicht einmal eine

Empfindung der Unzulänglichkeit meiner Fähigkeiten beeinflussen mich, wenn ich das Zeichen des Vertrauens Eurer Majestät, durch welches mir das Amt des Ministers der Finanzen angeboten wurde, zurückweise. Solange ich mich im Nationalen Schatzamt betätigte, war ich Zeuge der patriotischen Gesinnung Eurer Majestät; ich hatte Gelegenheit zu sehen, wie Eurer Majestät das Wohl des Volkes am Herzen liegt, mit welchem unnachgiebigen Ernst und unveränderlicher Ehrlichkeit E. M. an den verfassungsmäßigen Grundsätzen festhält. Ich kann nicht die geeigneten Worte finden, um auszudrücken, wie ich es bedauere, durch meine Zurückweisung die Gelegenheit zu verlieren, ein Vermittler der Gefühle Eurer Majestät zur Nation zu werden.
Doch, Sire, ein ehrlicher Mann und guter Bürger darf eine wichtige Stellung nur annehmen, wenn er hoffen kann, seiner Aufgabe in vollem Maß zu entsprechen. Ich bin weder Jakobiner noch Feuillant; ich gehöre zu keinem Klub. Ich bin gewohnt, alle meine Taten auf der Waage meines Gewissens und meiner Vernunft zu wägen. Nie wäre ich fähig, meine Ansichten an irgendeine Partei zu verkaufen. Ich schwur ewige Treue der Verfassung, die Sie auch angenommen haben, ich schwur Treue der verfassungsmäßigen Volksmacht und Euch, Sire, dem konstitutionellen König der Franzosen, dessen Tugenden und Unglück nicht genug empfunden werden können.
Was könnte ein verfassungsmäßiger Minister wie ich tun, der überzeugt ist, daß die gesetzgebende Nationalversammlung die ihr durch die Verfassung gesetzten Grenzen überschritten hat? Unvermögend, mit seinem Gewissen und seinen Prinzipien zu hadern, würde er ohne Erfolg die Beachtung der Gesetze fordern, an welche alle Franzosen durch ihren Eid gebunden sind. Er möchte Ihnen, Sire, raten, mit allen Mitteln, welche die Verfassung bietet, zu widerstehen; dieser Rat würde jedoch für ein Verbrechen erklärt werden. Und so dürfte der Minister Opfer seiner Pflicht werden, während die Unbeugsamkeit seines Charakters die Quelle eines Unglücks werden würde. Erlauben Sie mir deshalb, meine Fähigkeit und Arbeit dem Staat an einem weniger hohen Posten zu widmen, wo ich vielleicht nützlichere und wahrscheinlich dauerhaftere Dienste leisten kann. Als Diener des öffentlichen Unterrichts werde ich das Volk über seine Pflichten aufklären, als Soldat und Bürger werde ich mich beeilen, mit Waffen die Heimat, das Gesetz und die Sicherheit des französischen Volkes zu verteidigen!
Mit tiefstem Respekt Eurer Majestät ergebenster und folgsamster Diener

Lavoisier. [22]

Lavoisier scheint kein Vertrauen mehr zum König gehabt zu haben, er glaubte nicht, daß er noch Herr der Lage werden könnte. Lavoisiers Vorsicht wurde durch die Ereignisse gerechtfertigt. Die neue Regierung, die der König mit Hilfe eines Putsches unter gleichzeitiger Enthebung der Girondisten ins Amt einsetzte, hatte nur die Dauer von einigen Tagen.

9 Sturm auf die Tuilerien am 10. August 1792

Unter Führung der revolutionären Jakobiner stürmte das Volk von Paris am 10. August 1792 die Tuilerien. Es wurden Maßnahmen zur Verteidigung des von der internationalen Reaktion und Konterrevolution bedrohten Vaterlandes eingeleitet. Unter den Losungen „Das Vaterland ist in Gefahr" und „Friede den Hütten, Krieg den Palästen" mobilisierten die Jakobiner das Volk zum gerechten Verteidigungskrieg, so daß am 20. September der preußische Vormarsch bei Valmy gestoppt werden konnte. Am 22. September rief der neugewählte Konvent die Republik aus.

Nach der Erstürmung der Tuilerien verließ die Familie Lavoisier in panischer Eile ihre Wohnung im Arsenal. Lavoisier mietete am Boulevard de la Madelaine Nr. 243 eine schöne in einem Garten stehende Villa. Im Erdgeschoß beabsichtigte Lavoisier, wieder ein Laboratorium einzurichten; seinen Plan zu verwirklichen, hatte er aber keine Zeit mehr. Es ist wahrscheinlich, daß das Ehepaar Lavoisier Ende August Paris verließ und den September auf dem Land verbrachte.

Im Herbst wurde die innenpolitische Lage wieder etwas ruhiger. Die Gefahr einer feindlichen Invasion war durch die militärischen Erfolge verhindert worden. Der Konvent stellte den König unter Anklage und verurteilte ihn zum Tod. Energische Maßnahmen wurden erfolgreich zur Verteidigung des Landes und zur

Erhöhung seines militärischen Potentials durchgeführt. Die vermutlich im November heimkehrenden Lavoisiers fanden stark veränderte Verhältnisse in Paris vor. Lavoisier verlor jegliches Einkommen. Wenn auch seine finanzielle Lage sicher längst noch nicht kritisch geworden war, gab sie doch Anlaß zu ernster Beunruhigung. Lavoisier sprach darüber, eine Apotheke pachten zu wollen. Er hatte noch seine wissenschaftlichen Beschäftigungen in der Akademie. Dort war viel zu tun. Die Institution befand sich in vollständiger finanzieller Krise. Die verschiedenen Akademien genossen immer weniger Sympathien seitens der neuen Machthaber; für die Republik galten sie als alte königliche Institutionen. Immer mehr wurde über eine Neuorganisation der Akademien gesprochen.

Der verhältnismäßigen Ruhe des Herbstes 1792 folgten Zeichen einer neuen Krise im Frühjahr 1793. Die Jakobiner, die den revolutionären Teil der Bourgeoisie, der Kleinbürger und Plebejer vertraten, kamen durch einen neuerlichen Aufstand am 1. Juni 1793 zur Macht und begannen mit energischer Hand zu regieren. Man ordnete eine allgemeine Mobilisierung an. Preise und Löhne wurden gestoppt. Unbekannte junge Männer lösten die alten Offiziere ab, unter neuer Führung kämpfte die neue Armee siegreich gegen den Feind von außen. Auch der Kampf gegen den inneren Feind wurde verstärkt und mit der Zeit dermaßen übertrieben, daß dies zum Sturz der Jakobinerdiktatur führte.

Am Tag der Machtergreifung der Jakobiner tat auch Lavoisier als Bürgergardist Dienst. Es kann wohl angenommen werden, daß er die neueste Entwicklung sehr mißmutig beobachtete. In den Sommermonaten verfaßte er wahrscheinlich seinen Entwurf für das wissenschaftliche und technische Konsultationsbüro in der Frage des obligatorischen öffentlichen Unterrichts. Der Konvent ordnete im Dezember 1793 den obligatorischen und unentgeltlichen elementaren Unterricht etwa so an, wie es aufgrund der Vorschläge von Lavoisier und anderen in dem Entwurf des Wissenschaftlichen und Technischen Konsultationsbüros empfohlen worden war. In den Jahren 1794–1796 wurden zahlreiche der bis heute existierenden Höheren Schulen Frankreichs gegründet. In diesen Hochschulen wirkten als Professoren alle wissenschaftlichen Freunde Lavoisiers. In den gut eingerichteten Laboratorien gelangen glänzende Entdeckungen. Lavoisier jedoch war es nicht vergönnt zu erleben, wie sich seine Vorstellungen verwirklichten. Er mußte hingegen erleben, wie die letzte Stätte, die ihn mit der Wissenschaft verband, der Schauplatz seines Ruhmes, die Akademie der Wissenschaften, aufhörte zu existieren. Am 17. August wurde die Akademie der Wissenschaften aufgelöst, ihre Räume versiegelt.

In dieser Phase der Revolution wurden jetzt auch die noch nicht geklärten letzten Probleme der Ferme aufgegriffen, da diese Organisation eine Institution der Feudalverhältnisse war. Es wurde schon erwähnt, daß die Ferme noch im Jahr 1791 aufgelöst und ein Liquidationsausschuß aus einigen Fermiers gegründet worden war, um über die letzte Pachtperiode rückwirkend abzurechnen. Dieser Ausschuß arbeitete seither an der Liquidation. Offensichtlich beeilte er sich auch nicht sehr. Von Zeit zu Zeit ließen sich energische Stimmen hören, die auf Abschluß der Verrechnungen drängten. Der Abgeordnete Carra beschimpfte im Frühjahr 1793 die Ferme:

> Laßt doch nicht diese Blutegel im Schatten ruhen. Preßt aus ihnen alles Blut zurück, das sie aus dem Körper des Volkes gesaugt haben. Gesetzgeber, verliert nicht weitere Zeit, wartet nicht solange, bis diese Verschwender der öffentlichen Gelder, diese Schinder und Egel des Volkes, diese scheußlichen Spekulanten ihre Güter verkaufen und mit dem gestohlenen Geld zum Feind übergehen.

Anfang September erschienen zwei Mitglieder des revolutionären Rates der Sektion in Lavoisiers Wohnung, um eine Haussuchung durchzuführen und nach Schriften der Ferme zu suchen. Alles wurde durchstöbert, jede Schrift, alle Versuchsprotokolle, Manuskripte und Briefe wurden beschlagnahmt. Endlich versiegelten die Beauftragten außer einem Wohnraum alle Räume der Wohnung. Lavoisier meldete dem Ausschuß für Unterricht, seine Schriften und Instrumente seien versiegelt worden, darunter auch die den Ausschuß für Maße und Gewichte betreffenden, ohne welche der Ausschuß seine Arbeit nicht fortsetzen konnte. Fourcroy und ein anderes Ausschußmitglied gingen nun in Begleitung von zwei Sektionskommissaren in die Wohnung Lavoisiers und entfernten die Siegel.

Der Finanzausschuß im Konvent stellte den Antrag, die Liquidation der Ferme zu Ende zu führen. Der Abgeordnete Dupin schlug vor, eine Kontrollkommission aus Personen zu gründen, die die Angelegenheiten der Ferme kannten und jeden Mißbrauch der Ferme aufzuklären vermochten.

Am 4. November befaßte sich der Konvent erneut mit der Angelegenheit der Ferme. Der Abgeordnete Bourdon d'Oise forderte:

Ich höre schon das hundertste Mal über die Abrechnung der Hauptzollpächter. Ich fordere, daß diese Blutegel verhaftet werden. Man gebe ihnen einen Monat, um im Gefängnis ihre Abrechnungen endlich zu beenden. Werden sie bis dahin nicht fertig damit, so sollen sie der Justiz überliefert werden.

Der Konvent stimmte dem Antrag zu und ordnete die unverzügliche Verhaftung der ehemaligen Zollpächter an.

Lavoisier war nicht zu Hause, als die Gendarmen kamen, um ihn zu holen. Er war in einer Sitzung des Wissenschaftlichen und Technischen Konsultationsbüros. Offensichtlich wurde er inzwischen informiert, denn er ging von der Sitzung nicht nach Hause, sondern in den Louvre, wo Lucas, der ehemalige Amtsdiener der Akademie, noch in seiner früheren Dienstwohnung wohnte und sich bereit zeigte, Lavoisier in seiner Wohnung zu verstecken. Lavoisier schrieb von hier mehrere Briefe an die verschiedenen Ausschüsse des Konvents in seinem Interesse, ohne jeden Erfolg. Vier Tage verbrachte er in seinem Versteck, dann gab er auf, verließ den Louvre und stellte sich am 18. November 1793 der Polizei.

Man brachte ihn ins Gefängnis Port Libre, wo sich die übrigen Fermiers befanden. Lavoisier bewohnte eine Zelle mit seinem Schwiegervater und dem Zollpächter Deville. Von hier schrieb er Briefe an seine Bekannten, die anfänglich optimistisch waren. Dies änderte sich jedoch rasch. Einem Mann mit seinem Scharfsinn konnte es nicht entgehen, daß die allgemeine politische Lage sich in eine Richtung entwickelte, die für ihn ständig ungünstiger zu werden versprach. Er schrieb im Dezember an seine Frau:

... plagst deinen Körper und deine Seele meinetwegen, wobei es mir nicht möglich ist, deine Sorgen zu teilen. Gib acht auf Dich, daß Du nicht deine Gesundheit ruinierst, denn dies wäre der größte Schlag für mich. Ich darf mich nicht über mein Schicksal beklagen, meine Laufbahn war erfolgreich. Ich war glücklich, solange ich mich erinnere. Du warst es, die mich glücklich gemacht hat. Du bringst mir auch heute täglich Glück, so oft Du nur spüren läßt, wie Du mich liebst und wie Du mir zugetan bist. Ich habe schon meine Aufgabe erfüllt und glaube, mein Name wird geachtet werden. Du aber bist berechtigt, noch ein langes Dasein zu erhoffen. Schone deshalb deine Kräfte. Mir schien es gestern, als wärest Du traurig gewesen. Warum? Ich bin auf alles vorbereitet, würde mir etwas bleiben, so möchte ich dies schon als Gewinn betrachten. Wir dürfen ja hoffen, daß wir noch miteinander sein werden. Deine Besuche bedeuten mir süße Minuten. Vergiß nicht unsere königlichen Assignaten. Außerdem gibt es nichts besonderes zu erledigen. Wir haben keinen Zucker. Papa wird Dir auch schreiben. Hättest Du dazu Möglichkeit, so schicke bitte einige Flaschen gewöhnlichen Weins. Dies würde Deinem Papa Freude machen, er sehnt sich sehr danach. Von Deville bekamen wir Weintrauben und Birnen, damit sind wir reichlich versehen. [23]

Der Ausschuß für Maße und Gewichte unternahm gewisse Schritte zur Befreiung Lavoisiers. Haüy machte eine Eingabe an den Ausschuß für Staatssicherheit, die Borda als Präsident unterschrieb. Sie gaben vor, daß Lavoisier sich mit der Untersuchung der Wärmeausdehnung der Metalle befasse, diese Arbeit wäre nun unterbrochen. Ohne sie könnte man keine geeichten Maße herstellen. Da es niemanden gäbe, der diese Arbeit fortführen könnte, wäre es sehr wichtig, genannten Bürger in Freiheit zu setzen, damit er seine Arbeit weiterführen könne. Die Eingabe hatte keinen Erfolg.

Inzwischen bewilligte der Konvent die Überführung der Fermiers in den Palast der Ferme, damit sie dort unter Aufsicht ihre Abrechnungen beendeten. Der Umzug erfolgte nach neuer Zeitrechnung am 5. Nivose. Nach alter Zeitrechnung war dies der Weihnachtsabend. Gleichzeitig verfügte man eine Sperrung des Vermögens der Steuerpächter. Lavoisiers Wohnung in Paris und sein Schloß in Fréchines wurden versiegelt. Der ehemalige Sitz der Ferme wurde in ein Gefängnis verwandelt. Die Bequemlichkeit war in dem Gebäude der Ferme erheblich geringer als im Port Libre. Die Fermiers begannen nun mit Eifer, an ihrer Abrechnung zu arbeiten. Ihre Schlußabrechnung unterbreiteten sie Ende Januar dem Finanzausschuß des Konvents. In den meisten erwachte die Hoffnung, nun die Freiheit zurückzuerlangen. Inzwischen war aber die Kontrollkommission auch tätig gewesen. Sie bereitete ebenfalls einen Bericht vor, den sie aber geheim hielt Man konnte nur Gerüchte darüber hören. Es sprach sich herum, die Kontrollkommission hätte gefunden, daß die Ferme den Staat um eine halbe Milliarde betrogen habe. Weiter wurde den Fermiers vorgeworfen, die dem Schatzamt gebührenden Summen stets verspätet eingeliefert und damit spekuliert zu haben.

Der Konvent ließ inzwischen den Bericht der Kontrollkommission drucken. Diese Anklageschrift umfaßte 187 Seiten. Statt der halben Milliarde waren aber nur 130 Millionen darin als die Summe genannt, um die die Ferme den Staat betrogen habe. Die übrigen Anschuldigungen entsprachen den Gerüchten. Der Finanzausschuß des Konvents behandelte die Berichte der Fermiers und der Kontrollkommission in Geheimsitzungen, über deren Verlauf nichts zu erfahren war. Am 29. Germinal schrieb Lavoisier an das Wissenschaftliche und Technische Konsultationsbüro:

Meine lieben Kollegen, der Tag naht heran und die Minute, ich hoffe es mindestens, da ich mit Euch die unterbrochene Arbeit wieder aufnehmen darf. Ich möchte, daß, wenn diese Zeit da ist, ich ein Schriftstück besitze, das mein ganzes Betragen während der Revolution rechtfertigt. Ich bitte Sie, mir dabei behilflich zu sein: Es wäre mir lieb, wenn Sie mir in Form eines Zeugnisses oder eines Protokollauszuges oder in einer Ihnen hierzu am geeignetsten scheinenden Weise bestätigen könnten, daß ich wichtige Entdeckungen auf dem Gebiet der Physik und Chemie machte, die eine bedeutende Entwicklung dieser Wissenschaften zur Folge hatten; weiterhin, daß ich zahlreiche Publikationen geschrieben habe, ins Konsultationsbüro berufen wurde, an dessen Sitzungen regelmäßig teilnahm und so nützliche Dienste leistete. Würde Ihnen die vorgeschlagene Form nicht gefallen, so könnte dieses auch in Gestalt eines Berichtes ausgedrückt werden, den ein Unterausschuß Ihnen erstattet habe. Ich bitte nichts weiter, als die Tatsachen zu bestätigen, kein Wort mehr. Bitte im Brief einen Stil zu vermeiden, aus dem man den Eindruck gewinnen könnte, freundliche Gefühle gegen mich hätten Ihre Feder geleitet. [1, Bd. 4, S. 713]

Ein Strohhalm, an den sich der Ertrinkende klammerte! ... Am 4. Floréal verfaßte der Rat des Konsultationsbüros unter dem Vorsitz von Lagrange die gewünschte Schrift in Protokollform:

... es ist sicher, daß die Wissenschaftler Europas einstimmig dem Bürger Lavoisier einen ausgezeichneten Platz unter jenen Männern, die zum Ruhm Frankreichs beigetragen haben, zubilligen werden ...

hieß es u. a. darin.

Am 4. Mai 1794 ordnete der Konvent an, die Angelegenheit der Fermiers dem Revolutionstribunal zu überweisen. Der Graf Mollien wurde in Verbindung mit den Fermiers verhaftet, aber er überlebte die Angelegenheit. Er erzählte später, daß er, aufs Schlimmste gefaßt, Gift bei sich führte. Als ihm der Entschluß des Konvents zur Kenntnis gelangte, fragte er Lavoisier, ob er denn nicht dem Freitod den Vorzug geben wollte. Lavoisier antwortete:

Nein. Selbstmord ist Schwäche. Wir müssen mit Vertrauen unserem Schicksal entgegensehen. Unsere wirklichen Richter werden nicht im Tribunal sitzen, auch nicht in der Menge, die uns beschimpfen wird, sondern es wird die Nachwelt sein.

Es ist verblüffend zu sehen, wie tief überzeugt Lavoisier vom Wert seiner Tätigkeit war, wie sicher er war, sein Name sei unsterblich. Man hat den Eindruck, daß er vom Augenblick an, da er die Nachricht erhielt, vor das Revolutionstribunal geführt zu werden, sich nicht mehr um die Gegenwart kümmerte, jede Tat, jeder Satz galten der Nachwelt, als wäre er vollständig sicher, die Nachwelt werde sich viel mit seinen letzten Tagen befassen. In der Nacht verfaßte Lavoisier seinen Abschiedsbrief:

Mein Leben war leidlich lang und sehr glücklich. Ich hoffe, daß mein Andenken von Bedauern umrahmt und vielleicht mit etwas Ruhm bekränzt wird. Was hätte ich mehr wünschen können? Die Ereignisse, in die ich hineingeraten bin, werden mir wahrscheinlich die Unannehmlichkeiten des Alters ersparen. Ich werde gleichmütig sterben, und wenn ich dabei schlechte Gefühle habe, so nur deshalb, weil ich nicht alles Nötige für meine Familie tun konnte. Beraubt von allem, kann ich Euch überhaupt kein Zeichen meiner Dankbarkeit und meiner Anhänglichkeit hinterlassen. Leider sind weder die Ausübung der gesellschaftlichen Tugenden, noch die dem Vaterland geleisteten wichtigen Dienste, noch eine im Interesse des Fortschrittes der menschlichen Wissenschaft und Kenntnisse nützlich verbrachte Laufbahn genügend, um einen Menschen vom düsteren Ende zu retten und davor zu bewahren, daß er als Verbrecher sterben muß. Ich schreibe Dir deshalb heute, weil es morgen vielleicht schon unmöglich ist und weil es mir Freude macht, an die zu denken, die ich liebe. Laß diesen Brief jedem bekannt werden, der sich nach mir erkundigt. Es ist wahrscheinlich der letzte, den zu schreiben mir das Leben gestattet. [10, S. 203]

Spät in der Nacht wurde den Angeklagten die Anklageschrift ausgehändigt. Um zehn Uhr am 19. Floréal (8. Mai 1794) begann die Verhandlung. Den Vorsitz führte Coffinhal, ein fanatischer Anhänger Robespierres. Der Staatsanwalt hielt seine Anklagerede. Die Geschworenen fanden die Angeklagten einstimmig für schuldig, worauf das Tribunal alle Angeklagten zum Tode und zur Konfiszierung ihres gesamten Vermögens verurteilte.

Die Verurteilten wurden dann in die Conciergerie zurückgeführt, wo sie mit den Urteilen dem Profos überliefert wurden. In einer kleinen Zelle bereitete man sie auf den Tod vor: Man schnitt ihre Haare kurz und nahm ihnen den Kragen ab. Dann fuhren die Karren vor, begleitet von Gendarmen.

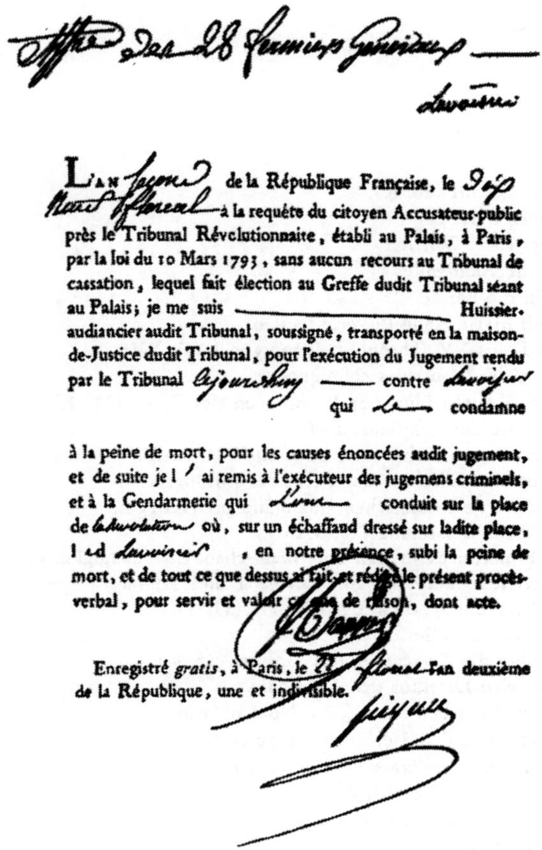

Affre des 28 fermiers généraux —

Lavoisier

L'AN second de la République Française, le dix neuf floréal à la requête du citoyen Accusateur-public près le Tribunal Révolutionnaire, établi au Palais, à Paris, par la loi du 10 Mars 1793, sans aucun recours au Tribunal de cassation, lequel fait élection au Greffe dudit Tribunal séant au Palais; je me suis ——— Huissier-audiancier audit Tribunal, soussigné, transporté en la maison-de-Justice dudit Tribunal, pour l'exécution du Jugement rendu par le Tribunal aujourd'huy — contre Lavoisier qui le condamne

à la peine de mort, pour les causes énoncées audit jugement, et de suite je l'ai remis à l'exécuteur des jugemens criminels, et à la Gendarmerie qui l'ont conduit sur la place de la Révolution où, sur un échaffaud dressé sur ladite place, ledit Lavoisier, en notre présence, subi la peine de mort, et de tout ce que dessus ai fait et rédigé le présent procès-verbal, pour servir et valoir ce que de raison, dont acte.

Enregistré *gratis*, à Paris, le 22 floréal l'an deuxième de la République, une et indivisible.

10 Das Todesurteil Lavoisiers

Auf dem Place de la Revolution, der früher Place Louis XV hieß und nach dem Sturz des Terrors als bewußt versöhnendes Symbol den Namen Place de la Concorde erhielt, stand, von weitem sichtbar, die rot gestrichene Guillotine.

Man sagt, Lavoisier sei aufrecht die Stufen zur Guillotine hinaufgegangen, Angst sei ihm nicht anzusehen gewesen. Gewiß habe er gewußt, daß durch den Tod nur der Hauptzollpächter sterben, der Wissenschaftler hingegen weiterleben werde. Es war am 5. Mai 1794.

Chronologie

1743	Lavoisiers Geburt (26. 8.).
1756–63	Siebenjähriger Krieg.
1765	Lavoisiers erster Vortrag.
1768	Wahl in die Akademie.
	Eintritt in die Ferme.
1771	Heirat mit Marie Anne Pierette Paulze.
1774	Tod von Louis XV. Thronbesteigung von Louis XVI.
	Erscheinen der Opuscules chimiques.
	Lavoisiers Vortrag über das Verbrennen des Zinns (11. 1.).
	Priestley entdeckt den Sauerstoff.
1775	Lavoisiers Vortrag über den Sauerstoff (Ostern).
	Ernennung zum Direktor der Pulververwaltung.
1776	Ausbruch des amerikanischen Unabhängigkeitskrieges.
1777	Vortrag über die Atmung (20. 5.).
1778	Eintritt Frankreichs in den amerikanischen Unabhängigkeitskrieg.
1780	Kalorimetrische Versuche von Lavoisier und Laplace.
1783	Vortrag über die Synthese des Wassers (11. 11.).
	Frieden von Versailles.
1784	Vortrag über die Zersetzung des Wassers (15. 4.).
	Lavoisier wird Direktor der Akademie.
1787	Erscheinen der neuen chemischen Nomenklatur.
1789	Erscheinen des „Traité élémentaire de chimie" (4. 2.).
	Einberufung der Generalstände in Versailles (5. 5.).
	Sturm auf die Bastille (14. 7.).
1791	Marats Angriffe gegen Lavoisier.
	Auflösung der Ferme.
	Lavoisiers Entlassung aus der Pulververwaltung.
1792	Ausbruch des Krieges (20. 4.) mit Preußen/Österreich.
	Lavoisiers Brief an den König (15. 6.), in dem er die Übernahme des Finanzministeriums ablehnt.
	Sturm auf die Tuilerien (9. 8.).
	Schlacht bei Valmy (20. 9.).
	Ausrufung der Republik (21. 9.).
1793	Hinrichtung von Louis XVI. (21. 1.).
	Machtübernahme der Jakobiner (2. 6.).
	Ermordung Marats (13. 7.).
	Auflösung der Akademie (17. 9.).
	Verhaftung der Hauptzollpächter (4. 11.).
	Lavoisier stellt sich dem Gericht (18. 11.).
1794	Hinrichtung Lavoisiers und der anderen Hauptzollpächter (8. 5.).
	Sturz Robespierres und der Jakobiner (27. 7.).

Literatur

Lavoisier veröffentlichte seine Artikel in den „Mémoires de Mathématique et de Physique de l'Académie Royale des Sciences", seine Arbeiten erschienen auch oft in den „Observations sur la Physique, sur l'Histoire Naturelle et sur les Arts". Er verfaßte zwei Bücher: „Opuscules physiques et chimiques" (1774) und „Traité élémentaire de chimie" (1789). Alle diese Werke sind zwischen 1864–1893 in einer Gesamtausgabe unter dem Titel „Oeuvres" erschienen [1]. Im Text findet man die Quellen einfachheitshalber stets bei „Oeuvres".

Zeitgenössische Deutsche Übersetzungen von Lavoisiers Werken

Physikalische chemische Schriften. 1.–3. Band, Greifswald 1783–85 (Hrsg. Weigel), 4.–5. Band 1792–94 (Hrsg. H. F. Link).

Des Herrn Lavoisier System der antiphlogistischen Chemie, übersetzt und mit Anmerkungen und Zusätzen begleitet von S. F. Hermbstädt (Traité élémentaire de Chimie). 2 Bd. Berlin–Stettin 1792.

Methode der chemischen Nomenclatur für das antiphlogistische System. Wien 1793.

[1] Oeuvres de Lavoisier. Hrsg.: Ministère de l'Instruction Publique. Paris 1864–1893, 6. Bände.

[2] Oeuvres. Correspondance de Lavoisier. Hrsg.: R. Fric. Paris 1955 bis 1957. 2 Bände.

[3] Marggraf, S. A.: Mém. Acad. Berlin 1750. S. 144.

[4] Young, A.: Travels in France. Cambridge 1929.

[5] Boyle, R.: The Sceptical Chemist, Oxford o. J.

[6] Hales, S.: Vegetable staticks, London 1727.

[7] Black, J.: Dissertatio Medica Inauguralis de humore acido a cibis orto et Magnesia alba, Edinburgh 1754; Experiments upon Magnesia alba, Quicklime and some other Alcaline Substances. Edinburgh 1756.

[8] Cavendish, H.: Three papers containing Experiments on factitous Airs. Philosophical Transactions 54 (1766) 141.

[9] Encyclopédie. Paris 1751–1772. Stichwort: Chimie (Venel, G. F.).

[10] Berthelot, M.: La révolution chimique. Lavoisier. Paris 1890.

[11] Lavoisier, A. L.: Sur la calcination des métaux dans les vaisseaux fermés et sur la cause de l'augmentation de poids qu'ils acquirent pendant cette opération. Observations de la physique, l'histoire naturelle et les arts 4 (1774) 448 ff.

[12] Lavoisier, A. L.: Mémoire sur la nature du principe qui se combine avec les metaux pendant leur calcination et qui en augmente le poids. Observations de la physique etc. 5 (1775) 429.
[13] Priestley, J.: Experiments and Observations on Different Kinds of Air. London 1774–1789.
[14] Bayen, P.: Opuscules chimiques. Paris 1797–1798.
[15] Crells Chemische Annalen (1786) 1, S. 58.
[16] Cavendish, H.: Experiments on Air. Philosophical Transactions 74 (1784) 119 ff.
[17] Méthode de Nomenclature Chimique Proposée par M. M. de Morveau, Lavoisier. Berthollet, de Fourcroy. Paris 1787.
[18] Kirwan, R.: An essay on phlogiston and the constitution of acids. London 1784.
[19] Fourcroy, A. F.: Encyclopédie méthodique, Chimie, Paris 1796.
[20] Marat, J. P.: Recherches physiques sur le feu. Paris 1780.
[21] L'ami du peuple 27. Jan. 1791.
[22] Archives Acad. Sci. fiche 1724.
[23] Archives nationales F. 7, 4770.

Benützte Biographien und andere allgemeine Literatur

Bugge, M.: Das Buch der großen Chemiker, Berlin 1929.
Daumas, M.: Lavoisier. Paris 1941.
Daumas, M.: Les instruments scientifiques aux XVIIe et XVIIIe siècle. Paris 1953.
Daumas, M.: Histoire de la Science. Paris 1957.
Delahante, A.: Une famille de finance au XVIIIe siècle. Paris 1880.
Dujarric de la Rivière, R. Chabrier: La vie et l'œuvre de Lavoisier. Paris 1959.
Grimaux, E.: Lavoisier après sa correspondance. Paris 1888.
Hoefer, F.: Histoire de la chimie. Paris 1866.
Klickstein, H. F.; Duveen, D. J.: A bibliography of the works of Lavoisier. New York 1954.
Kopp, H.: Geschichte der Chemie. 4 Bände. Braunschweig 1842–1845.
Kahlbaum, W. A., u. Hoffman, A.: Die Einführung der Lavoisierschen Theorie im Besonderen in Deutschland (Kahlbaums Monographien aus der Geschichte der Chemie) Bd. 1. Leipzig 1897.
Maurois, A.: Histoire de la France. Paris 1947.
Mathiez, A.: La révolution française. Paris 1927.
Michelet, J.: Histoire de France. Paris 1899.
Mc.Kie, D.: Lavoisier, Scientist, economist, social reformer, London 1962.
Soboul, A.: A francia forradalom története. Budapest 1963.
Speter, M.: Lavoisier und seine Vorläufer. Stuttgart 1910.
Szabadváry, F.: Geschichte der analytischen Chemie, Braunschweig 1966.
Szabadváry, F.: Lavoisier és kora, Budapest 1973.
Taine, H.: A jelenkori Franciaország alakulása, Budapest 1881–1890.

Personenregister

Chemiker in dieser Reihe

Band	Autor und Titel	Preis	Bestell-Nr.
7	Schütz: M. W. Lomonossow	5,45	665 547 5
8	Danzer: D. I. Mendelejew und L. Meyer	5,35	665 585 4
9	Danzer: R. Bunsen		
12	Strube: J. v. Liebig	5,60	665 664 6
16	Heinig: C. Schorlemmer	4,70	665 721 9
29	Wołczek: M. Skłodowska-Curie	6,50	665 833 4
30	Rodnyj/Solowjew: W. Ostwald	18,50	665 774 5
58	Cassebaum: C. W. Scheele	6,80	665 990 0
62	Dunsch: H. Davy	4,80	666 111 1
64	Stolz: O. Hahn / L. Meitner	4,80	666 142 9
71	Herneck: H. W. Vogel	6,80	666 193 9
72	Göbel: F. A. Kekulé	4,80	666 192 0
74	Remane: E. Fischer	4,80	666 194 7
76	Strube: G. E. Stahl	4,80	666 195 5
85	Dunsch: J. J. Berzelius	6,80	666 322 1

GPSR Compliance

The European Union's (EU) General Product Safety Regulation (GPSR) is a set of rules that requires consumer products to be safe and our obligations to ensure this.

If you have any concerns about our products, you can contact us on ProductSafety@springernature.com

In case Publisher is established outside the EU, the EU authorized representative is:

Springer Nature Customer Service Center GmbH
Europaplatz 3
69115 Heidelberg, Germany

Batch number: 10577915

Printed by Printforce, the Netherlands